Chemie

WTB

WISSENSCHAFTLICHE TASCHENBÜCHER

GERHARD GAWALEK

Wasch- und Netzmittel

AKADEMIE-VERLAG · BERLIN

THEORIA CUM PRAXI

WTB

BAND 2

Gerhard Gawalek

Wasch- und Netzmittel

Mit 31 Abbildungen und 3 Tabellen

AKADEMIE-VERLAG · BERLIN

1962

Reihe CHEMIE

Herausgegeben im Auftrage der Sektion Chemie
bei der Deutschen Akademie der Wissenschaften zu Berlin

von:
Prof. Dr. H. Klare, Teltow-Seehof,
Prof. Dr.-Ing. Dr. h. c. E. Leibnitz, Leipzig,
Prof. Dr.-Ing. K. Schwabe, Dresden,
Prof. Dr. Dr. h. c. E. Thilo, Berlin,

Verantwortlicher Herausgeber dieses Bandes
Prof. Dr.-Ing. Dr. h. c. E. Leibnitz

Verfasser
G. Gawalek, Leipzig
Institut für Verfahrenstechnik
der organischen Chemie
der Deutschen Akademie
der Wissenschaften zu Berlin

Erschienen im Akademie-Verlag GmbH,
Berlin W 8, Leipziger Straße 3–4

Lizenznummer: 202 · 100/705/62
Gesamtherstellung: VEB Druckhaus „Maxim Gorki", Altenburg
Bestellnummer: 7003
ES 20 M 2
Preis: DM 12,50

Inhaltsverzeichnis

Einleitung

Die Chemie der Wasch- und Netzmittel hat in den letzten 30 Jahren eine stürmische Entwicklung genommen. Ursprünglich war die Seife fast das einzige Waschmittel. Die Saponine spielten nur eine untergeordnete Rolle. Die synthetischen Waschrohstoffe haben die Seife keineswegs verdrängt, sondern ergänzen sie, besonders dort, wo die Eigenschaften der klassischen Seifen den technischen Anforderungen nicht genügen konnten. Nur in wenigen Ländern ist heute der Verbrauch an *Synthetika* größer als an Seife.

In den letzten drei Jahrzehnten wurde eine große Anzahl neuer Herstellungsverfahren entwickelt und in der Industrie erfolgreich eingeführt. Als Ausgangsstoffe findet man neben den Fettalkoholen, die heute häufig aus synthetischen Fettsäuren gewonnen werden, Erzeugnisse der *Kohle-*, *Erdöl-* oder *Acetylenchemie.* Paraffinische, olefinische und aromatische *Kohlenwasserstoffe*, verschiedene *Alkohole*, *Amine*, *Amide*, *Phenole* usw. sind Ausgangsverbindungen für synthetische Waschrohstoffe. Beträchtliche Fettmengen, die andernfalls zur Seifenherstellung benötigt würden, sind dadurch für die Ernährung frei geworden.

Daneben spielen die *Synthetika* in vielen Industriezweigen als *Netzmittel* und *Emulgatoren* eine wichtige Rolle; ihre Bedeutung nimmt noch laufend zu.

Mit den synthetischen Wasch- und Netzmitteln sind in vielen Fällen Produkte entstanden, die der Seife vielfach überlegen sind. Fast alle *Syndets*[1] haben der Seife gegenüber z. B. den Vorteil, daß sie mit den Kalk- und Magnesiumsalzen des harten Wassers keine unlöslichen Salze bilden.

Die Anwendungsgebiete sind heute so umfangreich, daß z. B. allein in Westdeutschland im Jahre 1958 268370 t Wasch- und Reinigungsmittel hergestellt wurden, um den stetig steigenden Bedarf zu decken.

---

1 Bezeichnung für synthetische Waschmittel in der angelsächsischen Literatur, Kurzwort aus *syn*thetic *det*ergents

1. Charakteristik der Wasch- und Netzmittel

1.1 Definition der Begriffe Wasch- und Netzmittel

Unter Wasch- und Netzmitteln werden Stoffe verstanden, welche die Oberflächenspannung des Wassers oder auch anderer Flüssigkeiten herabsetzen und dadurch eine bessere Benetzung und Durchdringung, z. B. von Textilfasern, ermöglichen. Sie werden daher auch als *oberflächen-* oder *kapillaraktiv* bezeichnet. Während bei Netzmitteln lediglich das *Benetzungsvermögen* gewertet wird, verlangt man von Waschmitteln noch weitere Eigenschaften, auf die bei der Besprechung des Waschvorganges eingegangen wird.

Da mit sinkender Oberflächenspannung der Randwinkel eines Tropfens auf einer ebenen Fläche dem Wert 2 π zu-

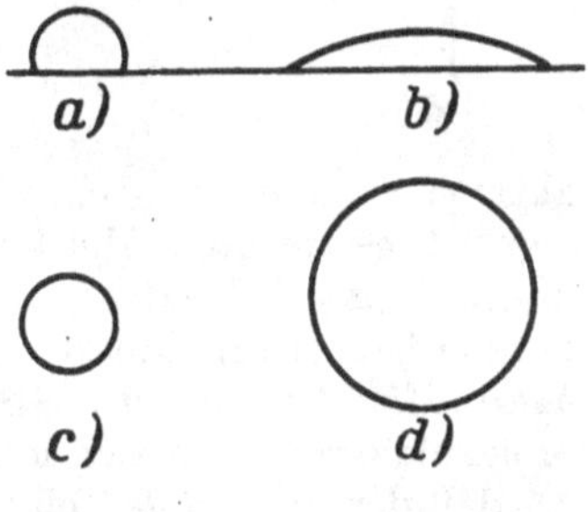

Abb. 1 Ausbreitung eines Wassertropfens mit und ohne Netzmittel auf einer Unterlage
a) ohne Netzmittel; b) mit Netzmittel; c) Größe der Fläche ohne Netzmittel; d) Größe der Fläche mit Netzmittel

strebt, wächst damit proportional die vom Tropfen bedeckte Fläche; das Benetzungsvermögen ist also der Oberflächenspannung umgekehrt proportional.

1.2 Die Oberflächenspannung

Die Oberflächenspannung, die dem Zerfall der Tropfen entgegen wirkt, ist die Kraft in dyn, welche aufgewendet werden muß, um eine Flüssigkeitsoberfläche entlang eines

Zentimeters auszudehnen. Die zu ihrer Bestimmung geeigneten Methoden werden im Abschnitt „Analytik“ behandelt.

Die Erniedrigung der Oberflächenspannung des Wassers durch Netzmittel wird dadurch hervorgerufen, daß deren Moleküle in der Oberfläche der Flüssigkeit absorbiert werden und sich dort so lange anreichern, bis sich eine *monomolekulare* Schicht ausgebildet hat. In der Flüssigkeitsoberfläche orientieren sich die Moleküle der oberflächen-

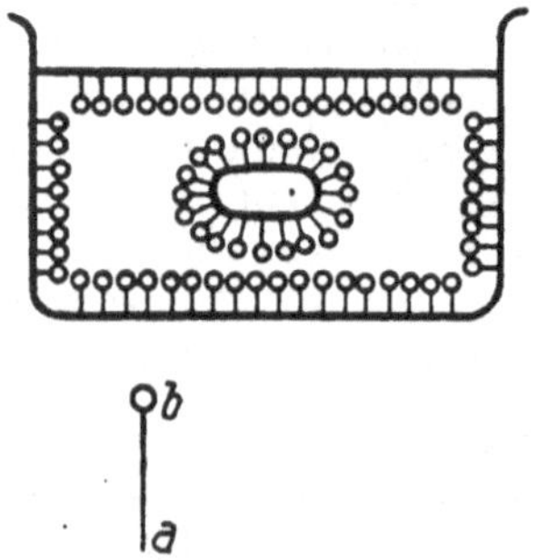

Abb. 2 Anordnung der grenzflächenaktiven Moleküle in einer wäßrigen Lösung *a* – hydrophober Teil; *b* – hydrophiler Teil

aktiven Substanzen nach einer bestimmten Ordnung. Die zumeist gestreckten Moleküle bestehen aus einer *hydrophilen* (wasserliebenden) und einer größeren *hydrophoben* (wasserfliehenden) Gruppe. Nur bei starkem Einfluß der *hydrophilen* Gruppe ist die Substanz in Wasser löslich. Die Moleküle orientieren sich in der Oberfläche der Flüssigkeit so, daß der *hydrophile* Teil dem Tropfeninnern, der *hydrophobe* Teil dagegen der angrenzenden Phase zugekehrt ist, d. h., entweder der Luft oder den Gefäßwandungen. Benetzt man z. B. mit dieser Lösung einen Gegenstand, so wird dieser von einer *monomolekularen* Schicht orientierter Moleküle überzogen; man nennt den Vorgang eine *Umnetzung*. Soll ein Stoff wirklich benetzt werden, so ist Voraussetzung, daß genügend Netzmittel vorhanden sind, um an den Grenzflächen *monomolekulare* Schichten zu bilden.

Auch Öltropfen werden umnetzt. Wenn diese Tropfen in der Lösung fein verteilt werden, wird jedes Tröpfchen einzeln von einer Schicht der Netzmittelmoleküle überzogen und dadurch an der Wiedervereinigung gehindert. Darauf beruht die Verwendung der Netzmittel als *Emulgatoren*. Liegen zwischen festen Teilchen, z. B. von Pigmenten bzw. Schmutzpartikeln, schwache Grenzflächenkräfte vor, die diese zu größeren Agglomeraten zusammenballen, wird deren Benetzung zu einer Zerteilung, der *Dispergierung*, führen; dieser Vorgang ist für die Waschwirkung besonders wichtig.

1.3 Einteilung der oberflächenaktiven Stoffe

In wäßriger Lösung zerfallen die meisten oberflächenaktiven Verbindungen in *Ionen*. Oberflächenaktive Substanzen, bei denen der *hydrophobe* Rest ein *Anion* ist, werden *anionkapillaraktiv* oder kurz *anionaktiv* genannt. Im Gegensatz dazu stehen Verbindungen, die als *hydrophoben* Rest ein *Kation* enthalten und dementsprechend *kationkapillaraktiv* oder kurz *kationaktiv* sind. Natürlich können auch beide Gruppen in einem Molekül vereinigt sein (*amphotere Syndets*).

Außer den mehr oder weniger stark dissoziierbaren Verbindungen gibt es eine Reihe undissoziierbarer oberflächenaktiver Stoffe, die in wäßriger Lösung neutral reagieren und als *nichtionogen* bezeichnet werden. Ihre Löslichkeit in Wasser beruht auf der Anwesenheit schwach *hydrophiler* Gruppen im Molekül.

Die größte Bedeutung besitzen zur Zeit die *anionaktiven* Stoffe, welche die meisten handelsüblichen Waschmittel stellen. Der wichtigste und am längsten bekannte Vertreter dieser Klasse ist die bereits erwähnte *Seife*. Sie wird, wie auch alle andern Vertreter der *ionogenen* Substanzen, zu den *Kolloidelektrolyten* gezählt. Physikalisch-chemische Untersuchungen zeigen, daß diese Verbindungen nur in äußerst stark verdünnten Lösungen als Einzelmoleküle auftreten. In stärker konzentrierten Lösungen lagern sich die Moleküle zusammen, so daß es zur Bildung von *Molekül-*

knäueln kommt, welche die Ausmaße und Eigenschaften von *Kolloiden* haben. Auch in wäßriger Lösung sind die Moleküle nur teilweise dissoziiert. Die Anionen der Säuren (bei kationaktiven Stoffen die Kationen) absorbieren die nicht dissoziierten Moleküle in einem solchen Ausmaß, daß Molekülknäuel von 20 bis 30000 Einzelmolekülen entstehen. Diese durch Zusammenballung einzelner Moleküle entstandenen Gebilde werden *Kolloidmicellen* genannt. Der Vorgang läßt sich etwa folgendermaßen veranschaulichen:

$$2\,C_{17}H_{35}COONa \rightarrow C_{17}H_{35}COO^- + Na^+ + C_{17}H_{35}COONa$$

Durch Absorption der Neutralseife entsteht nachstehender Komplex:

$$(C_{17}H_{35}COONa \cdot C_{17}H_{35}COO)^- + Na^+$$

Da stets mehr *Neutralmoleküle* als Ionen vorliegen, bleibt das obige Verhältnis nicht erhalten; in der Micelle ist eine Vielzahl nichtdissoziierter Moleküle vereint. Die Größe der Micellen wird vor allem von der Größe der hydrophoben Molekülteile bestimmt. Fettsäuremoleküle mit weniger als 10 C-Atomen bilden nur kleine Micellen und sind kaum oberflächenaktiv.

Nach Vorstellungen von Hess [1] und Orthner [2] handelt es sich bei den Micellen um geordnete Gebilde. Hess nimmt an, daß sich die Moleküle der oberflächenaktiven Verbindungen *block-*, *band-* oder *stäbchenförmig* (Abb. 3) angeordnet haben. Nach Orthner dagegen treten *kugelsymmetrische* Formen mit *schalenartigem* Aufbau auf. Die Kugelmicelle soll für *nichtionogene* Verbindungen typisch sein.

Die Größe der Micellen ist nicht nur vom Gewicht der Einzelmoleküle, sondern auch von deren Konzentration, der Lösungstemperatur, etwa vorhandenen dissoziierten Salzen und einigen weniger bedeutenden Faktoren abhängig. Von der Größe der Micellen werden einige Eigenschaften der Wasch- und Netzmittel stark beeinflußt, nämlich die Oberflächenaktivität, das Schaumvermögen und das Emulgiervermögen, also Eigenschaften, die für den Netz- und Waschvorgang wichtig sind.

Nicht nur die Seife, sondern auch alle anderen anionaktiven Verbindungen bilden *Kolloidelektrolyte*, wenn sie einmal eine hydrophile Gruppe, wie -SO_3Na, -O · SO_3Na, -O · PO_3Na_2 und andere, enthalten und über einen genügend

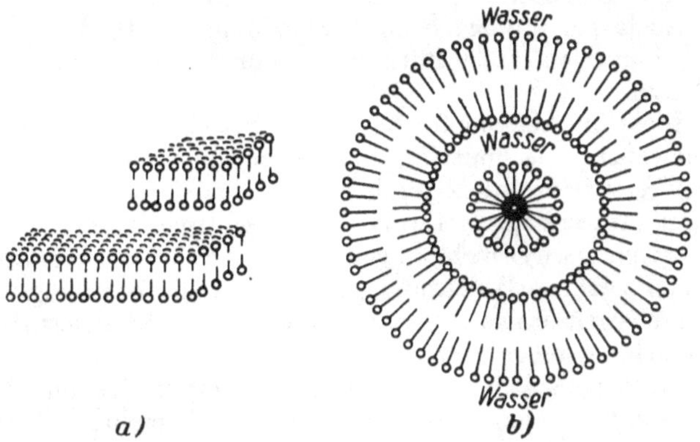

Abb. 3 a) Blockmicelle nach RÖSCH [2 a]; b) Schnitt durch eine Kugelmicelle nach ORTHNER [2]

großen hydrophoben Molekülteil verfügen. Dazu gehören die *Alkylsulfate*, *Alkylsulfonate*, *Alkylarylsulfonate* und ähnliche Verbindungen.

In annähernd gleicher Weise bilden die kationaktiven Stoffe Kolloidelektrolyte. Bei diesen Verbindungen handelt es sich meist um kompliziert aufgebaute *Amin*-, *Ammonium*- oder *Pyridiniummoleküle*. Sie zeigen seifenähnlichen Charakter, unterscheiden sich jedoch in ihrer Wirkung stark von den anionaktiven Verbindungen. Aus physikalisch-chemischen Gründen spricht man ihnen keine eigentliche Waschwirkung zu.

Anionaktive Substanzen haben als Waschmittel zuweilen auch Nachteile. Beim Waschen von Wolle, Seide oder von ähnlich gebauten synthetischen Fasern, die in ihren Grundmolekülen *Amino*- und *Carboxylgruppen* enthalten und demzufolge *amphoter* sind, können vor allem im sauren Gebiet anionaktive Waschmittelmoleküle durch die Faser so stark adsorbiert werden, daß die Waschlauge kaum noch über Moleküle für den eigentlichen Waschprozeß verfügt. Um die Fasern hat sich in diesem Falle nicht nur eine monomolekulare, sondern eine weitaus stärkere Umnetzungsschicht gebildet.

Auch bei *kationaktiven* Verbindungen tritt diese Erscheinung auf, allerdings meist nur bei *cellulosehaltigen* Fasern.

Diese Erscheinung führte daher zur Suche nach den nichtionogenen Waschmitteln, von denen die ersten wirksamen Vertreter in den dreißiger Jahren auf den Markt kamen. Bei ihrer Anwendung verarmt die Waschlauge während des Waschvorganges nicht an waschaktiver Substanz. Sie haben daher sehr an Bedeutung gewonnen, weil sie vorzügliche Wascheigenschaften besitzen und sich verhältnismäßig einfach herstellen lassen.

Bei den *nichtionogenen* Stoffen handelt es sich um Verbindungen, deren Wasserlöslichkeit durch mehrere Atomgruppen, z. B. der *Hydroxylgruppe* (-OH) und der *Ätherbindung* (-C-O-C-), bedingt ist. Als wichtigste Vertreter sind die *Polyäthylenoxydaddukte* zu nennen, die aus *Fettsäuren*, *Fettalkoholen*, *Alkylphenolen*, *Säureamiden*, *Aminen* und *Äthylenoxyd* entstehen. Auch entsprechende Produkte aus *Propylenoxyd* sind als Waschmittel bekannt geworden.

1.31 *Gliederung der oberflächenaktiven Stoffe nach* Lindner [3]

Im folgenden Abschnitt wird ein Überblick über die bekanntesten und interessantesten Verbindungen gegeben.

Zeichenerklärung:

Me ist ein einwertiges Kation wie Na^+, K^+, NH_4^+ oder ein Alkylolamin (z. B. Triäthanolamin),

R steht im allgemeinen für einen Kohlenwasserstoffrest (gesättigt oder ungesättigt) mit etwa 10 bis 18 C-Atomen,

R_1, R_2 sind kurze bis mittellange Alkyle.

Wegen ihrer Bedeutung werden an erster Stelle die anionaktiven Verbindungen genannt.

1. Anionaktive Substanzen

1.1 Salze der Carbonsäuren

1.11 Salze der unsubstituierten Carbonsäuren: geradkettige, verzweigte oder Ringe enthaltende Säuren, wie Fettsäuren, Isofettsäuren, Harzsäuren, Naphthensäuren

R·COOMe Vertreter: echte Seifen, Resinate

1.12 Salze der Aminocarbonsäuren

$H_2N \cdot R' \cdot (CO \cdot NH \cdot R'')_n \cdot COOMe$

1.13 Salze der acylierten Aminocarbonsäuren

$R \cdot CO \cdot NH \cdot R' \cdot (CO \cdot NH \cdot R'')_n \cdot COOMe$

Vertreter: Lamepon A, Medialan A

1.2 Salze saurer Schwefelsäureester

1.21 Fettsäuresulfate

$R_1 \cdot CH \cdot R_2 \cdot COOMe$
$\quad\;\; O \cdot SO_3Me$

Vertreter: Türkischrotöl, Monopolseife

1.22 primäre Alkylsulfate („Fettalkoholsulfonate“)

$R \cdot O \cdot SO_3Me$ Vertreter: Gardinole, Cyclanon

1.23 sekundäre Alkylsulfate (zum Teil „Olefinsulfate“)

$R_1 \cdot CH \cdot R_2$
$\quad\;\; O \cdot SO_3Me$

Vertreter: Teepol

1.24 Sulfate der Oxo- und anderer verzweigter Alkohole

$R_1 \cdot CH \cdot R_2$

$CH_2 \cdot O \cdot SO_3Me$ Vertreter: Tergitol 08

1.25 Sulfate der Alkylpolyalkohole

$R_1 \cdot CH \cdot OH$ / $R_2 \cdot CH \cdot O \cdot SO_3Me$ oder $R \cdot CH \cdot OH$ / $CH_2 \cdot O \cdot SO_3Me$

1.26 Sulfate der substituierten Polyglykoläther (sulfatierte Äthylenoxydaddukte)

$R \cdot O \cdot (C_2H_4O)_n \cdot SO_3Me$

$R \cdot COO \cdot (C_2H_4O)_n \cdot SO_3Me$

$R \cdot NH(C_2H_4O)_n \cdot SO_3Me$

$R \cdot CO \cdot NH(C_2H_4O)_n \cdot SO_3Me$

R kann auch ein aromatischer Rest sein

1.27 Sulfate acylierter oder alkylierter Alkylolamide

$R_1 \cdot CO \cdot NH \cdot R_2 \cdot O \cdot SO_3Me$ und $R_1 \cdot NH \cdot R_2 \cdot O \cdot SO_3Me$

Vertreter: Igepon B, Igepon C

1.3 Salze echter Sulfonsäuren (Sulfonate)

1.31 primäre Alkylsulfonate

$R \cdot SO_3Me$

1.32 sekundäre Alkylsulfonate

$R_1 \cdot CH \cdot R_2$

SO_3Me

Vertreter: Mersolat, Hostapon, Mainolat

1.33 Sulfonate von Fettsäuren, deren Ester, Amide usw.

$R_1 \cdot CH \cdot R_2 \cdot COOMe$ / SO_3Me und $R_1 \cdot CH \cdot R_2 \cdot CO \cdot X$ / SO_3Me

(X = blockierende Gruppe)

1.34 Alkylbenzolsulfonate

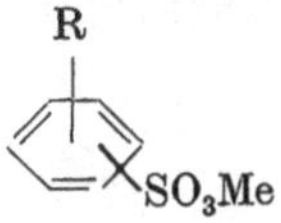

Vertreter: Igepal NA, Marlon, Nacconol usw

1.35 Alkylnaphthalinsulfonate

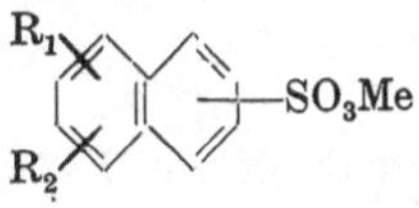

Vertreter: Nekal A, BX

1.4 Seltenere hydrophile anionaktive Gruppen

Hierzu gehören folgende hydrophile Gruppen: Phosphate, Polyphosphate, Phosphonate, Phosphinate, Thiosulfate, Hydrogensulfite, Sulfinate, Persulfate, usw. Sie haben zur Zeit nur geringe technische Bedeutung.

2. Nichtionogene Substanzen

2.1 substituierte Polyalkohole

$CH_2OH \cdot (CH \cdot OH)_n \cdot CH_2OOC \cdot R$ und

$CH_2 \cdot OH \cdot (CH \cdot OH)_n \cdot CH_2 \cdot O \cdot R$

2.2 Polyglykoläther

2.21 Alkylpolyglykoläther

$R \cdot O \cdot (CH_2 \cdot CH_2O)_nH$ Vertreter: Leonil C, Leonil FFO, Leonil O

2.22 Acylpolyglykoläther

$R \cdot COO \cdot (CH_2CH_2O)_nH$

2.23 Alkylarylpolyglykoläther (aus alkylierten Phenolen oder Naphtholen)

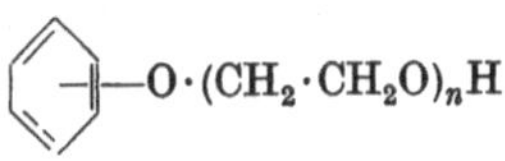

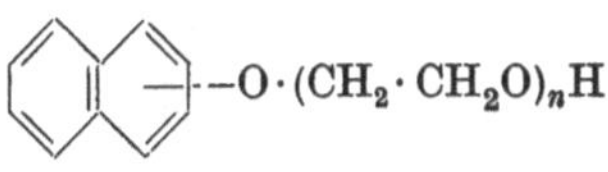

2.24 Addukte aus Säureamiden

2.241 Amide der Fettsäuren

$R \cdot CO \cdot NH \cdot (CH_2CH_2O)_nH$

2.242 Amide der Alkylsulfonsäuren

$R \cdot SO_2 \cdot NH \cdot (CH_2CH_2O)_nH$

2.3 substituierte Polyamine

$R \cdot NH \cdot (CH_2CH_2O)_nH$ und $R \cdot CO \cdot NH \cdot (CH_2CH_2NH)_nH$

3. Kationaktive Substanzen

Man unterscheidet zwei Haupttypen der kationaktiven Stoffe, den R · N-Typ und den R · X · N-Typ.

3.1 R · N-Typ

3.11 Alkylaminsalze

$R \cdot N \cdot X_2 \cdot HAc$ (X = H oder andere Reste)

3.12 Quaternäre Ammoniumsalze

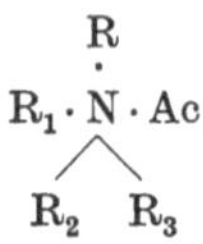

3.13 Alkylpyridiniumsalze

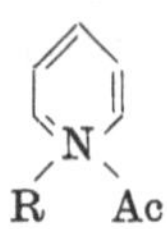

3.2 Verbindungen des R · X · N-Typs

3.21 Acylalkylolamine

$R \cdot CO \cdot NH \cdot R_1 \cdot OH$ und $R \cdot CO \cdot N \cdot (R \cdot OH)_2$

3.23 Alkyläthylenharnstoffe

$$R \cdot NH \cdot CO \cdot N\begin{matrix} CH_2 \\ | \\ CH_2 \end{matrix}$$

Zu den kationaktiven Verbindungen gehören auch die weniger bekannten *Phosphonium-*, *Sulfonium-* und *Oxonium*-verbindungen.

4. Ampholyte

Die Ampholyte sind eine Gruppe oberflächenaktiver Verbindungen von geringer Bedeutung, die einige charakteristische Eigenschaften aufweisen.

4.1 Alkylbetaine

$$\begin{matrix} R_1 \\ \cdot \\ R_1 \cdot N^+ \cdot R \cdot COO^- \\ \cdot \\ R_1 \end{matrix} \quad \text{und} \quad \begin{matrix} R_2 \\ \cdot \\ R_1 \cdot N^+ \cdot R_3 \cdot COO^- \\ \cdot \\ R_2 \end{matrix}$$

$R_2 = CH_3$ o. ä.; $R_3 = CH_2$ o. ä.

4.2 Sulfobetaine

$$\begin{matrix} R_2 \\ \cdot \\ R_1 \cdot N^+ \cdot R_3 \cdot SO_3^- \\ \cdot \\ R_2 \end{matrix}$$

Radikale wie beim Alkylbetain

Diese Zusammenstellung gibt lediglich einen ungefähren Überblick über das große Gebiet der oberflächenaktiven Verbindungen und erhebt keinen Anspruch auf Vollständigkeit. Nur die wichtigsten Substanzen, die in der Technik eine gewisse Bedeutung erlangt haben oder noch erlangen können, sind hier erwähnt worden.

Bevor wir auf die Herstellung der einzelnen oberflächenaktiven Substanzen eingehen, soll noch über den Waschvorgang selbst gesprochen werden.

1.4 Das Waschen

Die Hauptmenge der oberflächenaktiven Stoffe wird für Reinigungszwecke verwendet. Als Abnehmer treten hier in erster Linie die Haushalte und die Textilindustrie auf, in denen Waschmittel zum Reinigen von Textilien aller Art in großem Maße verbraucht werden. Der Bedarf für die Körperreinigung und für allgemeine Reinigungszwecke (*Abwasch-*, *Fensterputz-*, *Kraftfahrzeugreinigungsmittel* und dergleichen) bleibt dahinter zurück, ebenso die Menge an oberflächenaktiven Verbindungen, die für technische Zwecke als *Netzmittel*, *Emulgatoren*, *Dispergatoren*, *Schaummittel* und ähnliches eingesetzt werden.

Der Waschvorgang ist ein vorwiegend physikalischer Prozeß, der sich aus einer Reihe von Teilerscheinungen zusammensetzt. An diesem Vorgang nehmen grundsätzlich drei Partner teil: das zu *reinigende Material*, das *Wasch-* oder *Reinigungsmittel* und der *Schmutz*, der sehr verschiedenartig sein kann (*Fette*, *Öle*, *Staub* und sonstige *Festkörper*). Je nach Art der Verschmutzung und der Beschaffenheit der Oberfläche des zu reinigenden Gutes gestaltet sich die Reinigung mehr oder weniger schwierig.

Ursprünglich, als nur die Seife als Waschmittel zur Verfügung stand, war man der Ansicht, daß die Waschwirkung auf einer Alkalihydrolyse der Seife beruht. Bekanntlich hydrolysiert in Wasser gelöste Seife in geringem Maße:

$$2\,(C_{15}H_{31}COONa) + HOH \rightarrow NaOH + C_{15}H_{31}COOH \cdot C_{15}H_{31}COONa$$

normales Natriumpalmitat saures Natriumpalmitat

Das Waschen sollte auf der verseifenden oder emulgierenden Wirkung des Waschalkalis bzw. des aus der Hydrolyse stammenden Alkalis beruhen. Diese Theorie mußte man aufgeben, als waschaktive Substanzen bekannt wurden, die nicht hydrolysierbar sind. Außerdem ist es möglich, mit vielen oberflächenaktiven Stoffen im neutralen oder schwach sauren Bade zu waschen. Bestimmte Textilarten müssen jedoch in einer alkalischen Waschflotte gereinigt werden.

In den letzten Jahrzehnten sind verschiedene Theorien über den Waschvorgang aufgestellt worden, von denen keine restlos befriedigt. Sowohl die *Adsorptionstheorie* von SPRING [4] als auch die verschiedenen Interpretationen von Einzelvorgängen, die CHWALA [5] gibt, beschreiben den Waschvorgang nur unvollkommen.

Die derzeit beste Darstellung stammt von KLING [6] und Mitarbeitern. An Hand von Mikroaufnahmen verschiedener mit Mineralöl angeschmutzter Textilfasern wird gezeigt, daß sich die zuerst größere Flächen bedeckenden Ölfilme unter dem Einfluß der Waschmittellösungen bei gleichzeitiger Verringerung des Randwinkels (siehe Abb. 4) mehr und

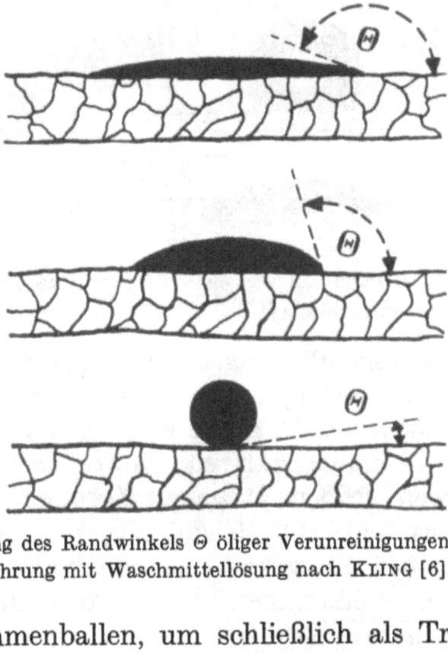

Abb. 4 Änderung des Randwinkels Θ öliger Verunreinigungen auf Textilfasern bei Berührung mit Waschmittellösung nach KLING [6]

mehr zusammenballen, um schließlich als Tröpfchen von der Faser abgelöst zu werden. Den gleichen Vorgang zeigt die Abbildung 5. Hier wird Paraffinöl durch eine Waschmittellösung in gleicher Weise *umnetzt* und von der Unterlage, einer Glasoberfläche, fast abgehoben. Den auf den Abbildungen gezeigten Vorgang bezeichnet KLING mit *Umnetzung*, weil — wie bereits erwähnt — sich um die Oberfläche des Öltropfens eine mindestens monomolekulare Schicht von oberflächenaktiven Waschmittelmolekülen ausbildet.

Auf die Verschmutzung durch Festkörper (wasserunlösliche anorganische Verbindungen) kann diese Vor-

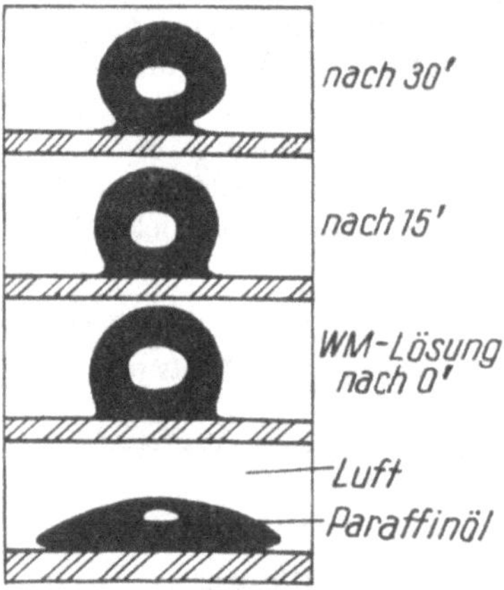

Abb. 5 Ablösung von Paraffinöl von einer Glasunterlage durch eine Waschmittellösung nach KLING [6]

stellung nur bedingt übertragen werden. Neben der eigentlichen Umnetzung erfolgt hierbei noch eine *Dispergierung* der Schmutzteilchen, d. h., große Partikel werden durch den Einfluß des oberflächenaktiven Stoffes zerteilt und bei einem genügend großen Tragevermögen der Waschlauge von der Faser entfernt. Nicht alle oberflächenaktiven Substanzen haben ein gutes Dispergiervermögen; einigen Stoffen fehlt es vollkommen. Trotzdem können derartige Verbindungen gute Netzmittel sein.

Durch bestimmte Zusätze, wie z. B. durch die wasserlöslichen *Celluloseäther*, kann man das Dispergiervermögen und das Schmutztragevermögen wesentlich verbessern.

Ein weiterer wichtiger Faktor des Waschvorganges ist die *elektrostatische Abstoßung* zwischen Schmutz und Faser, die infolge gleicher Ladung beider Teile zustande kommt.

Eine Darstellung von KLING (Abb. 6) veranschaulicht diesen Vorgang.

In Wasser eingeweichte Textilfasern werden mehr oder weniger stark *negativ* aufgeladen. Für einige Faserarten

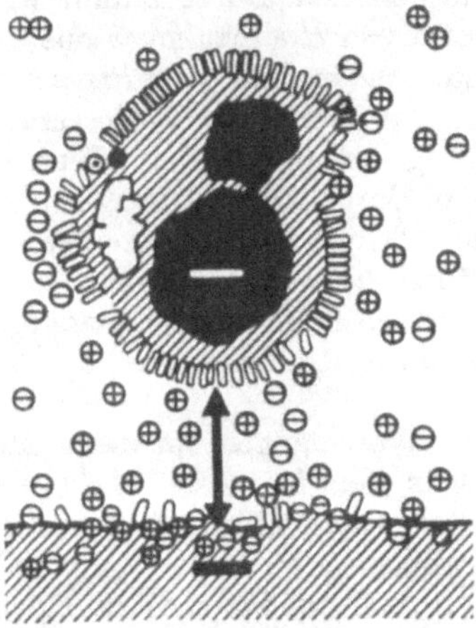

Abb. 6 Elektrostatische Abstoßung zwischen Faser und Schmutz; schematische Darstellung nach KLING [6]
0 – Waschmittelanionen; ⊖ – sonstige Anionen wie OH^-, ⊕ – Kationen wie H^+, Na^+

sind die *elektrokinetischen* Potentiale von KARRER und SCHUBERT [7] gemessen worden (Tab. 1).

Tab. 1 Potentiale verschiedener Fasern in Wasser nach KARRER und SCHUBERT

Faserart	ξ-Potential (mV)
Wolle	−48
Baumwolle	−38
Acetatseide	−36
Kupferseide	− 5
Viskoseseide	− 4
Seide, entbastet	− 1
Amingarn	+19

Wären die elektrostatischen Kräfte bei gleichartiger Aufladung groß genug, müßte theoretisch eine Abstoßung der Schmutzpartikel eintreten. Da die Ladungen jedoch zu klein sind, können die Schmutzteilchen nicht ohne fremde Hilfe von der Faser loskommen. Durch Zufuhr weiterer *negativer* Ladungen in Form von *Hydroxylionen* aus *Alkalien, Alkalisilicaten, Alkalicarbonaten* und auch *Phosphaten* zur Waschlauge wird eine ausgedehnte *Schmutzlockerung* erreicht.

Dieser Vorgang entspricht dem Einweichprozeß von Wäsche, bei dem durch Zugabe von Einweichmitteln wie *Bleichsoda,* die Hydroxylionenkonzentration durch das eingebrachte *Alkalicarbonat* und *-silicat* erhöht wird und die Zahl der *negativen* Ladungen sich vergrößert. Schon die Anwesenheit *negativer* Ladungen übt eine gewisse Waschwirkung aus.

Setzt man den Waschlaugen nur kleine Mengen Seife zu, so tritt eine sehr deutlich feststellbare elektrische Aufladung ein. Schon mit geringen Seifenmengen lassen sich gute Waschwirkungen erzielen. Alle anionaktiven Waschmittel verhalten sich in ihrer Wirkung gegenüber den Fasern und den Schmutzpartikeln wie die Seife, d. h., sie führen auf Grund ihrer Oberflächenaktivität den Fasern und den Schmutzpartikeln negative elektrische Ladungen zu und erhöhen dadurch die elektrostatische Abstoßung.

Die *kationischen* Substanzen verhalten sich anders. Durch kationaktive Verbindungen werden die Schmutzteilchen *positiv* aufgeladen, während die eingeweichte Faser negativ geladen ist. Die Faser stößt die Schmutzpartikel nicht ab, sondern zieht sie an. Es kommt daher nicht zur eigentlichen Waschwirkung.

Um eine Waschwirkung mit kationaktiven Substanzen zu erreichen, muß mit Säurezusätzen gearbeitet werden. Unter diesen Bedingungen ist auch die Textilfaser *positiv* geladen, und der Schmutz wird abgestoßen, wie es im alkalischen Milieu bei anionaktiven Substanzen der Fall ist.

Daher können *anionaktive* und *kationaktive* Verbindungen nicht als Gemisch zum Waschen verwendet werden, da sich ihre Wirkungen gegenseitig aufheben.

Nichtionogene Stoffe dagegen waschen jede Art von Fasern, unabhängig vom pH-Wert der Waschflotte. Als Wirkfaktor tritt hierbei die *elektrostatische* Abstoßung nicht so stark in Erscheinung, sondern vorwiegend das *Umnetzungsvermögen*, die *Dispergierwirkung*, die *Waschtemperatur* und die *Waschdauer*. Die Mehrzahl der nichtionogenen Substanzen ist zwar wertvoll, zeigt jedoch nur ein geringes Schaumvermögen. Für den Einsatz in Waschmaschinen eignen sich solche wenig schäumenden Produkte gut.

Auf die Wascheigenschaften eines Waschmittels ist das Schaumvermögen nur von geringem Einfluß. Im allgemeinen ist der Schaum nur als Indikator anzusehen, da man an seinem Auftreten erkennen kann, ob in der Waschflotte noch freie waschaktive Substanz vorliegt.

2. Herstellung und Eigenschaften der Waschrohstoffe und der Netzmittel

2.1 Anionaktive Verbindungen

Die Verbindungen dieser Gruppe zählen zu den wertvollsten waschaktiven Substanzen. Neben der *Seife* haben die *Alkylsulfate*, die *Alkylsulfonate* und vor allem die *Alkylarylsulfonate* eine hervorragende Bedeutung als Waschrohstoffe erlangt.

Nach Angaben von Rücker [8] betrug die Produktion von synthetischen Waschmitteln in den kapitalistischen Ländern im Jahre 1959 etwa 2,9 Mill. t, während es im Jahre 1952 nur 1,1 Mill. t waren. Von den 2,9 Mill. t sind mindestens 2,0 Mill. t anionaktive Verbindungen.

2.11 Die Seife

Der wichtigste Vertreter der anionaktiven Waschmittel ist nach wie vor die Seife. Sie ist ein Gemisch *fester* oder *halbfester*, in Wasser löslicher *Natrium-*, *Kalium-* oder auch *Ammoniumsalze* der höheren Fettsäuren mit mindestens 10 Kohlenstoffatomen im Molekül. Neben ihrem Hauptverwendungszweck als Wasch- und Netzmittel wird sie in geringem Maße noch in anderen Wirtschaftszweigen verwendet, z. B. als Emulgator für die verschiedensten Zwecke.

2.111 Zur Geschichte der Seife

Bereits im 2. Jahrhundert n. Chr. finden sich bei Galenus die ersten Nachrichten über die Verwendung der Seife als erweichend wirkendes Heilmittel und zur leichteren Entfernung des Schmutzes von Körper und Bekleidung. Damals wurde die Seife aus Fetten mit Aschenlauge und Kalk hergestellt.

Nach Plinius soll bei den Germanen und Galliern ein aus Talg und Holzasche bereitetes Produkt als Haarpomade (wohl hauptsächlich zur Abtötung von Ungeziefer) benutzt worden sein. Man nimmt an, daß die Seife der Germanen eine Kaliseife war, da sie wahrscheinlich mit der Asche von Landpflanzen, die vorwiegend aus Pottasche (K_2CO_3) besteht, gewonnen wurde. Die gallische Seife soll härter gewesen sein, weil zu ihrer Herstellung die sodahaltige Asche von Seepflanzen verwendet wurde und es sich also um eine Natronseife handelte.

Besonders in den Häfen des Mittelmeeres wurde frühzeitig eine für die damalige Zeit beachtliche Seifenindustrie entwickelt, da einerseits die aus der Seepflanzenasche gewonnene Soda und andererseits Pflanzenöle und auch tierische Fette in reichlicher Menge zur Verfügung standen. Zu erwähnen sind vor allem Savona und Venedig, die im 15. Jahrhundert erhebliche Seifenmengen produzierten und bis nach Nordeuropa exportierten.

In Deutschland reinigte man noch im Mittelalter die Wäsche fast nur mit Holzaschenlauge. Die aus Italien oder Frankreich eingeführte Seife wurde nur selten verwendet. Erst im 17. Jahrhundert begann man in Bayern mit der gewerbsmäßigen Seifenherstellung.

Einen beachtlichen Aufschwung nahm die Seifenfabrikation erst, als die Soda durch den Leblanc-Prozeß verhältnismäßig billig wurde und in größeren Mengen zur Verfügung stand. Die Hauptentwicklung der Seifenindustrie setzte in Deutschland in den dreißiger Jahren des 19. Jahrhunderts ein. Neben animalischen Fetten wurden Kokosöl und Palmöl verwendet. Vereinzelt wird bereits das Olein (also freie Fettsäuren, vor allem Ölsäure) zur Seifenfabrikation eingesetzt.

Durch die Entwicklung der Margarineindustrie und durch den steigenden Fettverbrauch war die Seifenindustrie schon um die Jahrhundertwende darauf angewiesen, Rohstoffe minderer Qualität, z. B. dunkle Fette und Öle, zu verarbeiten. Zur Verbesserung der Qualität der dunklen Fette und der daraus hergestellten Seifen begann man, durch chemische Bleichung mit Oxydations- oder Reduktionsmitteln derartige Produkte aufzuhellen.

Seifenpulver kamen erst gegen Ende des 19. Jahrhunderts in den Handel, und zwar als pulverisierte Gemische von trockener Seife und Soda.

2.112 Rohstoffe für die Seifenherstellung

Fette und fette Öle

Vom Verwendungszweck der Seifen hängt die Zusammensetzung der zur Verseifung eingesetzten Fette oder Fettsäuren ab. Die Mehrzahl der animalischen und vegetabilischen Fette und der daraus gewonnenen Fettsäuren ist für die Verseifung zu verwenden. Auch beträchtliche Mengen synthetischer Fettsäuren aus der Paraffinoxydation werden heute in der Seifenindustrie eingesetzt. In geringen Mengen werden auch *Harzsäuren* (aus *Kolophonium*, seltener aus andern natürlichen Harzen) und *Naphthensäuren* (aus Erdölprodukten) zur Qualitätsverbesserung oder als Streckmittel verwendet.

Allgemeines über Fette und fette Öle

Unter Fetten werden die *Glyceride* der Fettsäuren verstanden, wobei die Fettsäurereste an einem Glycerinmolekül verschieden sein können. An höhermolekularen Fettsäuren sind in tierischen Fetten enthalten: *Stearinsäure*, $C_{17}H_{35}COOH$; *Palmitinsäure*, $C_{15}H_{31}COOH$ und die ungesättigte *Ölsäure*, $C_{17}H_{33}COOH$. In geringeren Mengen treten *Laurinsäure*, $C_{11}H_{23}COOH$, *Myristinsäure*, $C_{13}H_{27}COOH$, und einige Fettsäuren mit mehr als 18 Kohlenstoffatomen auf. Von den niederen Fettsäuren ist die im Butterfett vorkommende *Buttersäure*, C_3H_7COOH, zu nennen. Für die tierischen Fette ist der Gehalt an *Cholesterin*, $C_{27}H_{46}O$, charakteristisch.

Pflanzliche Fette enthalten je nach Herkunft außer der *Stearin-*, *Palmitin-* und der *Ölsäure* noch weitere ungesättigte Fettsäuren, meist mit mehreren Doppelbindungen: *Linolsäure*, $C_{17}H_{31}COOH$, *Linolensäure*, $C_{17}H_{29}COOH$ und *Ricinolsäure*, $C_{18}H_{34}O_3$. Je nach Ursprung und Alter enthalten die Fette kleinere Mengen freier Fettsäuren, weil bereits während der Lagerung eine teilweise Verseifung der Glyceride eintritt. Typisch für die Pflanzenfette ist ihr Gehalt an *Phytosterin*, einem dem Cholesterin isomeren Alkohol.

Gewinnung der Fette

Die Gewinnungsmethoden der Fette sind verschieden, je nachdem, ob es sich um tierische oder pflanzliche Fette handelt.

Zur Isolierung der tierischen Fette werden die fetthaltigen Gewebe entweder trocken oder mit wenig Wasser bei 50 bis 60 °C geschmolzen und ausgepreßt. Aus Knochen und Klauen wird das Fett bzw. Öl durch Auskochen oder auf extraktivem Wege gewonnen.

Etwas komplizierter ist die Abtrennung der Pflanzenfette aus den fettführenden Teilen der Pflanzen. Die Gewinnung erfolgt in mehreren Arbeitsgängen. Durch Auspressen der zerkleinerten Teile in hydraulischen Pressen bei

Drücken von 150 bis 300 kp·cm^{-2} wird ein feines Öl ausgepreßt, das meist als Speiseöl verwendet wird. Zur Erhöhung der Ausbeute preßt man noch zwei- oder dreimal bei erhöhter Temperatur. Die dabei anfallenden Öle sind in der Farbe bedeutend dunkler als das Öl erster Pressung und auch geschmacklich nicht ganz einwandfrei. Zur vollständigen Entfettung des Preßgutes (Ölkuchen) wird häufig eine Extraktion mit Benzin, Tetrachlorkohlenstoff, Trichloräthylen oder anderen Lösungsmitteln angeschlossen. Die Fettextraktion wird in Apparaturen ausgeführt, die den im Laboratorium benutzten Extraktoren und Perforatoren im Prinzip ähnlich sind. Moderne Großextraktoren arbeiten kontinuierlich und besitzen ein sehr hohes Leistungsvermögen.

Für die Seifenfabrikation werden hauptsächlich die Öle der zweiten und dritten Pressung sowie die Extraktionsöle verwendet. Zu dunkle Öle werden mit Bleicherde bei Temperaturen um 100 °C behandelt und anschließend filtriert. Zur Raffination kann auch konzentrierte Schwefelsäure (0,5 bis 2%) verwendet werden. In vielen Fällen werden auch Bleichmittel wie Wasserstoffperoxyd, Natriumperborat, Persulfate, schweflige Säure eingesetzt. Unangenehm riechende Fette behandelt man zur Entfernung der Geruchsträger mit überhitztem Wasserdampf.

Eigenschaften der Fette

Die meisten Fette schmelzen leicht; ihre Schmelzpunkte liegen unterhalb 100 °C. Den Hauptbestandteil bilden das *Tristearin* und das *Tripalmitin*. Flüssige Fette (fette Öle), die für die Seifenherstellung in Frage kommen, enthalten vorzugsweise Mischester der *Ölsäure* und *Linolsäure* oder *Triolein* bzw. *Trilinolein*.

Neutralfette sind farb-, geruch- und geschmacklos. Ihr spezifisches Gewicht schwankt zwischen 0,9 und 0,95. In Wasser sind sie unlöslich; sie lösen sich leicht in Äther, Petroläther, Benzol, Schwefelkohlenstoff, Trichloräthylen, Chloroform, Tetrachlorkohlenstoff u. a.

Werden Fette längere Zeit der Einwirkung von Licht und und Luft ausgesetzt, so nehmen sie einen unangenehmen Geruch und Geschmack an. Diese Veränderung wird als *Ranzigwerden* bezeichnet. Die Ursache ist die Bildung von *Oxyfettsäuren* aus den ungesättigten Fettsäuren, die Zersetzung der in geringer Menge vorhandenen *Eiweißstoffe* und die Abspaltung freier Fettsäuren aus den Glyceriden. Fette mit vielen *ungesättigten Fettsäuren* (hierzu gehören die meisten fetten Öle) neigen weit mehr zum Ranzigwerden als Fette mit gesättigten Fettsäuren. Raffinierte Fette werden schwerer ranzig als rohe Produkte. Zur Vermeidung des Ranzigwerdens werden verschiedene Stoffe als Inhibitoren zugesetzt.

Fettspaltung

Die Zerlegung der Glyceride natürlicher Fette und fetter Öle in Glycerin und Fettsäure (*Stearin, Olein*), die unter Wasseraufnahme erfolgt, wird nach verschiedenen Verfahren durchgeführt.

Die Spaltung ist eine Gleichgewichtsreaktion, die bei Anwesenheit von viel Wasser weitgehend von links nach rechts verläuft:

$$(R\cdot COO)_3\cdot C_3H_5 + 3\,H_2O \rightleftharpoons 3\,R\cdot COOH + C_3H_5(OH)_3$$

In den meisten Fällen werden die Fette nur zu etwa 90% aufgespalten und so in der Seifenfabrikation eingesetzt.

Die bekanntesten Verfahren sind:

1. Reaktivspaltung,
2. Druckspaltung,
3. Säurespaltung.

1. Reaktivspaltung: Das zuerst von TWITCHELL [9] beschriebene Reaktiv war eine „*Benzolstearosulfonsäure*“

oder richtiger eine *9-Sulfophenylstearinsäure* folgender Formel:

$$CH_3(CH_2)_7 \cdot CH \cdot (CH_2)_8 \cdot COOH$$

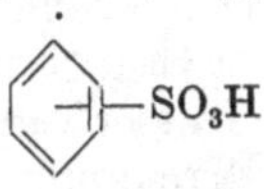

Heute ist das eigentliche TWITCHELL-Reaktiv durch wirksamere ähnliche Verbindungen ersetzt worden. Die Spaltung wird in folgender Weise vorgenommen:

In einem offenem, mit Dampf beheizten Kessel kocht man das Fett mit 20 bis 30% Wasser und gibt dazu 0,5 bis 1% des Reaktivs sowie die gleiche Menge Schwefelsäure. Nach etwa 8 bis 24 Stunden ist die Spaltung beendet. Die Reaktionsdauer richtet sich nach der Art des Fettes. Im Anschluß an die Spaltung wird das Glycerinwasser abgezogen und aus dem Fettsäuregemisch die Schwefelsäure und das Reaktiv durch Auswaschen mit Wasser oder durch Neutralisation entfernt.

2. Druckspaltung: Die Hochdruckfettspaltung ohne Katalysator in Gegenwart von Wasser wird in V2A-Autoklaven ausgeführt, welche mit Rührwerk und Dampfschlangen versehen sind. Soll eine weitgehende Aufspaltung des Fettes erreicht werden, muß bei einem Druck von 20 bis 30 $kp \cdot cm^{-2}$ und einer Temperatur von 220 bis 260 °C gearbeitet werden. Unter diesen Bedingungen verläuft die Spaltung sehr schnell. Das Verfahren läßt sich auch kontinuierlich durchführen.

Bei der Spaltung mit Katalysatoren werden den Fetten kleine Mengen Zink-, Calcium- oder Magnesiumoxyd (2 bis 4%) zugesetzt, und bei Temperaturen oberhalb 100 °C und etwa 5 bis 10 $kp \cdot cm^{-2}$ Druck wird in 6 bis 10 Stunden die Spaltung durchgeführt. Zur Entfernung der Erdalkali- bzw. Zinkseifen aus den Fettsäuren wird mit Schwefelsäure zersetzt und mit Wasser ausgewaschen.

Durch die Druckspaltung lassen sich die Fette bis zu 95% in Fettsäuren und Glycerin überführen.

3. Säurespaltung: Dem Fett werden bei ca. 110 °C unter guter Rührung 4 bis 12% konzentrierter Schwefelsäure zugesetzt. Da neben der eigentlichen Spaltung weitere chemische Veränderungen erfolgen, färbt sich das Fett dunkel. Nach etwa einer Stunde ist die Spaltung beendet. Das Gemisch wird mit Wasser versetzt und weitere 6 Stunden gekocht, bis eine Trennung zwischen Fettsäure und Wasser eingetreten ist. Die anfallenden dunklen Fettsäuren müssen mit Bleicherde raffiniert werden, ehe sie zur Seifenherstellung verwendet werden können.

Von untergeordneter Bedeutung ist die Fermentspaltung der Fette mittels Lipasen.

Die bei der Spaltung anfallenden Fettsäuren können bei hinreichender Reinheit direkt zur Seifenfabrikation verwendet werden. Vielfach werden sie durch Destillation gereinigt und in gewünschte Fraktionen zerlegt, zweckmäßig arbeitet man mit überhitztem Wasserdampf und im Vakuum.

Zur Trennung der flüssigen von den festen Fettsäuren wird das Fettsäuregemisch gekühlt und das in Platten erstarrte Material bei ca. 300 $kp \cdot cm^{-2}$ kalt gepreßt. Dabei fließt vorwiegend *Ölsäure* (*Olein*) ab; sie enthält eine geringe Menge gelöster fester Säure. Um die Abtrennung der Ölsäure zu vervollständigen, wird bei höherer Temperatur eine zweite Pressung angeschlossen. Der feste Rückstand ist das *Stearin*, ein Gemisch aus *Stearin*- und *Palmitinsäure*.

Die Fettsäuren aus der Spaltung können ohne vorherige Destillation abgekühlt und gepreßt werden. Das dabei anfallende Olein wird als *Saponifikatolein* bezeichnet und ist nur von geringer Qualität. Besser ist das *Destillatolein*, welches durch Auspressen der Destillatfettsäuren gewonnen wird.

Fetthärtung

Chemisch unterscheiden sich die flüssigen Fette von den festen durch ihren geringeren Gehalt an Wasserstoff, durch die Anwesenheit von ungesättigten Fettsäuren wie *Ölsäure* und *Linolsäure*. Durch Anlagerung von Wasserstoff lassen sich die ungesättigten Fettsäuren in gesättigte überführen:

$$CH_3(CH_2)_7 \cdot CH = CH \cdot (CH_2)_7 \cdot COOH + H_2 \rightarrow$$
$$CH_3(CH_2)_7CH_2 \cdot CH_2(CH_2)_7COOH$$

Nach dem Verfahren von NORMANN [10] wird die Hydrierung in Gegenwart von fein verteiltem *metallischem Nickel* oder von Nickelformiat als Katalysator durchgeführt. Die Reaktion verläuft bei etwa 180 °C unter Normaldruck. Je nach Einwirkungsdauer des Wasserstoffes lassen sich weichere oder härtere Fette gewinnen. Die Hauptmenge der gehärteten Fette wird in der Margarineindustrie verwendet. Für die Seifenherstellung ist gehärtetes Fett nur von untergeordneter Bedeutung.

Synthetische Fettsäuren aus der Paraffinoxydation

Für die Herstellung von Fettsäuren auf synthetischem Wege hat sich besonders die Oxydation geeigneter Paraffine als günstig erwiesen. Als Ausgangsstoffe lassen sich vor allem die wenig verzweigten Produkte der Fischer-Tropsch-Synthese verwenden. In Gegenwart von *Mangan*verbindungen wird das Paraffin bei 100 bis 130 °C mit Luft oxydiert. Es entsteht ein Gemisch, das neben Fettsäuren eine Reihe von überoxydierten Produkten wie *Lactone*, *Ketosäuren*, *Oxysäuren*, *Ester* u. a. Verbindungen enthält. Soll ein Fettsäuregemisch mit einer Kettenlänge von vorwiegend 10 bis 20 C-Atomen anfallen, ist es erforderlich, Paraffine mit ca. 20 bis 30 C-Atomen (Hauptmenge enthält 25 C-Atome) einzusetzen. Der Mechanismus der Oxydation ist noch nicht einwandfrei aufgeklärt. Die Reaktion verläuft über einige Zwischenstufen, wobei Peroxyde eine wesentliche Rolle spielen. Die Oxydation kann an jedem C-Atom der Kohlenwasserstoffkette ansetzen, bevorzugt werden allerdings die endständigen C-Atome. Zu Beginn der Oxydation entstehen deshalb vorwiegend *Ameisensäure* und

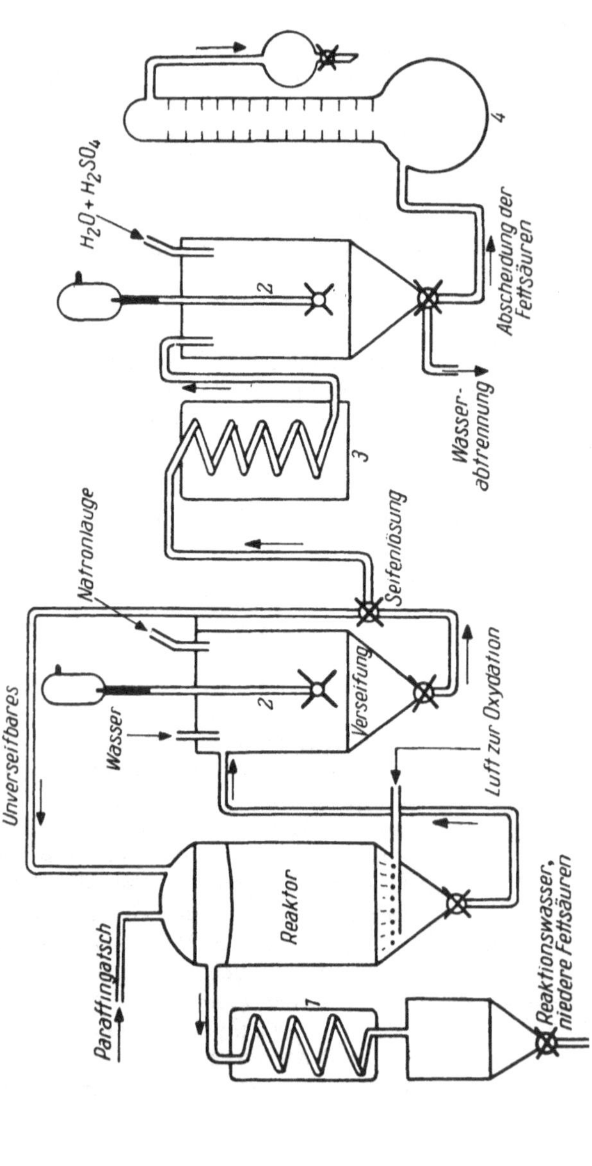

Abb. 7 Schema einer Anlage zur Paraffinoxydation

1 – Kühler, *2* – Rührer, *3* – UV-Ofen zur Spaltung der Oxy- und Ketosäuren, *4* – Destillation

entsprechende langkettige Fettsäuren, während sich mit fortschreitender Reaktionsdauer Spaltstücke jeder Kettenlänge nachweisen lassen. Während der Oxydation werden auch die bereits entstandenen Fettsäuren weiter abgebaut. Eine zu lange Oxydation führt zur Bildung vieler kurzkettiger und überoxydierter Produkte, die nicht erwünscht sind. Daher ist es notwendig, die Oxydation zu beenden, wenn ca. 25 bis 30% des Paraffins umgesetzt sind. Zur Isolierung der Fettsäuren neutralisiert man das Reaktionsgemisch mit Natronlauge, wobei sich das nichtoxydierte Paraffin (etwa ein Drittel) auf der wäßrigen Seifenlösung absetzt. Läßt man die Rohseifenlösung in einem Autoklaven bei 25 kp·cm^{-2} und 180 °C stehen, wird ein weiterer Teil des Unverseifbaren zur Abscheidung gebracht. Im sogenannten UV-Ofen wird der Rest des noch vorhandenen Paraffins bis auf 2 bis 3% durch Wasserdampfdestillation aus der Rohseife entfernt. Gleichzeitig wird bei diesem Arbeitsgang, der bei 330 bis 370 °C durchgeführt wird, eine Qualitätsverbesserung der Fettsäuren erzielt, weil überoxydierte Bestandteile wie Oxysäuren, Lactone, Ester usw. weitgehend abgebaut werden. Die überoxydierten Produkte verleihen den übrigen Fettsäuren einen unangenehmen Geruch und führen zu Verfärbungen. Nach dem Lösen der trockenen Seife in Wasser wird mit verdünnter Schwefel- oder Salzsäure zersetzt. Zur Entfernung von niederen Fettsäuren und Mineralsäureresten wird die Rohfettsäure mit Wasser gewaschen. Das Gemisch wird zumeist in drei Fraktionen zerlegt, die *Vorlauffettsäuren* (C_4—C_9), die *Hauptlauffettsäuren* (C_{10}—C_{20}) und *Nachlauffettsäuren* (C_{21} bis C_{25}). Für die Seifenfabrikation kommen nur die Hauptlauffettsäuren in Frage.

Ein Fließschema einer Anlage zur Paraffinoxydation zeigt Abbildung 7.

Harze und Naphthensäuren

In der Seifenindustrie spielt *Harz* (*Kolophonium*) nur eine sehr geringe Rolle. Da die Alkalisalze der Harzsäuren in wäßriger Lösung ein gutes Schaumvermögen aufweisen, setzt man sie als billigen Rohstoff in kleineren Mengen den Seifen zu. Kolophonium wird aus dem *Balsam* von *Kiefern* und *Fichten* gewonnen. Es besteht zu 80% aus Harzsäuren der Bruttoformel $C_{20}H_{30}O_2$, der *Abietinsäure*, *Lävopimarsäure* und *Dextropimarsäure*. Kolophonium ist spröde, je nach Herkunft mehr oder weniger gelb bis braun gefärbt und hat glänzende Bruchflächen. Bei etwa 70 °C wird es weich, und bei 100 °C ist es nahezu flüssig. In Alkalicarbonat- oder Ätzalkalilösungen bilden sich *Harzseifen* (*Resinate*), die gelbbraune wäßrige Lösungen bilden und ein gewisses Waschvermögen aufweisen. In Fettseifen verbessern sie deren Löslichkeit und das Schaumvermögen. *Gute Seifen sollen möglichst keine Resinate enthalten*, weil dadurch die Seifen häufig klebrig werden und damit gewaschene Textilien leicht vergilben. Vor allem zeigt sich diese Erscheinung bei Verwendung von hartem Wasser, da ebenfalls, wie bei der Fettseife, mit Calcium- und Magnesiumsalzen die entsprechenden unlöslichen Resinate gebildet werden, die sich auf den Fasern festsetzen.

Naphthensäuren: In Deutschland kommen die Naphthensäuren für die Herstellung von Seifen weniger in Betracht. In den erdölerzeugenden Staaten, wie die *UdSSR*, *Rumänien* usw., werden Naphthenate in größerem Umfang zur Fabrikation von Seifen minderer Qualität verwendet. Die Naphthensäuren werden vorwiegend aus den *sowjetischen*, *galizischen* und *rumänischen* Erdölen durch Laugenwäsche bestimmter Fraktionen des mittleren Siedebereiches (Gasöl, leichtes Schmieröl) gewonnen. Durch Ansäuern werden die freien Naphthensäuren aus den alkalischen Naphthenatlaugen abgeschieden. Ihr Molekulargewicht liegt um 280 und die Säurezahl etwa bei 200 mg KOH/g. Die Dichte schwankt zwischen 0,951 bis 0,988 bei 20 °C. Über die Konstitution der Naphthensäuren herrscht noch keine völlige Klarheit, es sind *hydroaromatische Monocarbonsäuren* der allgemeinen Formel

$$C_nH_{2n-2}COOH.$$

Häufig werden auch Kondensations- oder Veresterungsprodukte der Naphthensäuren für die Gewinnung oberflächenaktiver Verbindungen eingesetzt.

Anorganische Rohstoffe

Alkalien: Neben den *Hydroxyden* des *Natriums* und *Kaliums* werden auch *Carbonate* zur Verseifung der Neutralfette und freier Fettsäuren herangezogen. Man verwendet in jedem Falle die wäßrigen Lösungen dieser Chemikalien mit unterschiedlichen Konzentrationen und auch in unterschiedlicher Reinheit.

Ätznatron (*Natriumhydroxyd*, NaOH): Es kommt als ca. 98%iges festes Produkt in den Handel, das geringe Mengen verschiedener Verunreinigungen wie *Soda*, *Kochsalz*, *Natriumsulfat* und geringe Mengen *Eisenoxyd* enthält. Für die Herstellung von Toilettenseifen wird ein völlig eisenfreies Hydroxyd verlangt, um Verfärbungen zu vermeiden und die Seife vor zu schnellem Ranzigwerden zu schützen.

Ätzkali (*Kaliumhydroxyd*, KOH): Vielfach wird das Ätzkali bereits als 40%ige Lauge an die Seifenindustrie geliefert. Die Hauptmenge wird zur Schmierseifenherstellung verwendet. Der Bedarf an Ätzkali ist geringer als der Bedarf an Ätznatron.

Calcinierte Soda (*Natriumcarbonat*, Na_2CO_3): Die Hauptmenge der Soda wird in der Waschmittelindustrie nicht zur Verseifung, sondern für die verschiedensten Waschpulver (Kochwaschmittel) und Industriereinigungsmittel gebraucht. Die Solvay- oder Ammoniaksoda hat einen Natriumcarbonatgehalt von 98 bis 99%, der Rest ist vorwiegend Kochsalz.

Natriumbicarbonat ($NaHCO_3$): Es wird als reines Bicarbonat oder als sogenannte modifizierte Soda (Gemisch aus Natriumbicarbonat und Soda) zur Herstellung von Seifenpulvern verwendet.

Pottasche (*Kaliumcarbonat*, K_2CO_3): Der Bedarf an Pottasche ist bei weitem nicht so groß wie der Bedarf an Soda.

Bei der Schmierseifenfabrikation wird die Pottasche hauptsächlich zur Reduktion der kaustischen Lauge eingesetzt. Da ihr Preis verhältnismäßig hoch liegt, wird sie wenig zur Verseifung von freien Fettsäuren herangezogen.

Ammoniak (NH_4OH): Für spezielle Reinigungsmittel werden mit Ammoniak verseifte Fettsäuren als oberflächenaktive Substanzen eingesetzt. Die Ammoniakseifen haben nur untergeordnete Bedeutung.

Triäthanolamin ($[OH \cdot CH_2CH_2]_3N$): Diese Verbindung gehört zwar nicht zu den anorganischen Rohstoffen, soll aber als seifenbildende Base hier erwähnt werden. Das *Triäthanolamin* ist erst in den letzten Jahrzehnten in der Seifenindustrie eingeführt worden. Das technische Produkt ist eine stark basische gelbliche Flüssigkeit, die noch 10 bis 15% *Diäthanolamin* ($[OH \cdot CH_2CH_2]_2NH$) und ca. 5% *Monoäthanolamin* ($OH \cdot CH_2CH_2 \cdot NH_2$) enthält. Mit Fettsäuren bildet es Seifen, die gegenüber den Alkaliseifen manche Vorteile haben. *Eine Verseifung von Neutralfetten (Glyceriden) ist mit Triäthanolamin nicht möglich.* Zur Verseifung freier Fettsäuren kann das Triäthanolamin in wasserfreiem Zustand eingesetzt werden; die so gewonnenen Seifen enthalten nur sehr geringe Mengen Wasser.

Weitere Roh- und Hilfsstoffe

Hierzu gehören die Rohmaterialien, die teils als Streckungsmittel, teils als Trennungsmittel in der Seifenindustrie eine beachtliche Rolle spielen. Am eigentlichen Verseifungsprozeß sind sie wenig oder gar nicht beteiligt. Zu diesen Stoffen gehören: *Natriumchlorid*, *Natrium-* und *Kaliumsilicate*, *Phosphate*, *Stärke*, *Celluloseäther*, *Kaolin* u. a.

Kochsalz (*Steinsalz*, *Natriumchlorid*, NaCl) spielt nur als Trennmittel beim Aussalzen der Kernseifen oder beim Ausschleifen der Sude (siehe Kernseifen auf Leimniederschlag) eine Rolle. In kleineren Mengen ist es als Verunreinigung in manchen Waschmitteln zu finden. Technisches Kochsalz besteht zu etwa 94 bis 94,5% aus *Natriumchlorid*, als Verunreinigungen treten *Natriumsulfat*, *Kaliumchlorid*, *Ma-*

gnesiumchlorid und etwas *Gips* ($CaSO_4$) auf. Zu hohe Natriumsulfatkonzentration verschlechtert die Aussalzfähigkeit des Kochsalzes. In der Seifenindustrie wird *vergälltes* Kochsalz eingesetzt.

Natronwasserglas (*Natriumsilicat*): Das handelsübliche flüssige *Natronwasserglas* ist eine wäßrige Lösung von *Tri-*, *Tetra-* und *höheren Polysilicaten*. Ein normales Produkt enthält im Durchschnitt 7,5% Na_2O und 25,5% SiO_2. Für die Seifenherstellung wird dieses Produkt erst durch Zusatz einer gleich starken Natronlauge von 10% seines Gewichtes nach mehrtägigem Stehen verwendet. Ohne Alkalizusatz bildet das Wasserglas in der Seife Klumpen. Mit Wasserglas versehene Seifen haben eine bessere Waschwirkung, die u. a. von dem höheren pH-Wert herrührt, den der Wasserglaszusatz bewirkt.

Kaliwasserglas wird in der Seifenindustrie seines höheren Preises wegen nur selten verwendet. Vorteile gegenüber dem Natronwasserglas bietet es kaum.

Metasilicat (Na_2Si_3): Es wird durch Verschmelzen molarer Mengen *Kieselsäure* mit *Soda* gewonnen und fällt als ein weißes kristallines Pulver in großer Reinheit an, das sich in heißem und kaltem Wasser vollständig auflöst. Wegen seines pH-Wertes in Lösungen zählt man das *Natriummetasilicat* zu den *aktiven Reinigern*. Besonders zu erwähnen sind seine *dispergierende* Wirkung und sein gutes Emulgiervermögen für Pigmente, Mineralöle und Fette. Aus hartem Wasser fällt es die *Calcium-* und *Magnesiumsalze* als Silicate. Durch Kombination mit anderen Reinigungsmitteln erhält man Produkte von stark ausgeprägtem Reinigungsvermögen für die unterschiedlichsten Anwendungsgebiete.

Phosphate: Phosphate verbessern in der Seife oder in den synthetischen Waschmitteln wesentlich deren reinigende Wirkung. Nach dem Verwendungszweck richtet sich die Art der Phosphate, welche sich in ihren pH-Werten stark unterscheiden.

Am längsten ist das *Trinatriumphosphat* bekannt, und es wurde für die verschiedensten Zwecke eingesetzt. Seine Lösungen reagieren mit pH 11,3 verhältnismäßig stark alkalisch. Durch Verseifung von *Fetten* und *fetten Ölen* fördert es den Waschprozeß. Unverseifbare Mineralöle werden infolge seiner emulgierenden Wirkung fein verteilt und von der Faser abgelöst. Viele Reinigungsmittel enthalten *Trinatriumphosphat* in Mengen bis zu 30%. Seiner hohen Alkalität wegen wurde es aus den Feinwaschmitteln durch die weniger stark alkalischen *Poly-* oder *Pyrophosphate* weitgehend verdrängt.

Weiterhin ist das *Dinatriumphosphat* ($Na_2HPO_4 \cdot 12\,H_2O$) zu erwähnen, welches man durch Neutralisation von *Phosphorsäure* mit *Soda* gewinnt. Seine Lösungen reagieren nur schwach alkalisch. Es kommt als calciniertes Produkt in den Handel. In Waschmitteln können davon 5 bis 20% enthalten sein.

Neutrales Natriumpyrophosphat ($Na_4P_2O_7$) wird durch Erhitzen des *Dinatriumphosphates* gewonnen und ist ein staubfeines *hygroskopisches* Pulver. Es wird als Wasserenthärtungsmittel verwendet, daneben setzt man es den Seifen zu, um Ablagerungen von *Calcium-* und *Magnesiumseifen* auf den Textilfasern zu verhindern. Bei Anwesenheit von *Peroxyden* in Waschmitteln wirkt das *Natriumpyrophosphat* als *Stabilisator* und verlangsamt ihren Zerfall. Je nach Erfordernis können Seifen und Waschpulver 5 bis 30% dieses Phosphates enthalten.

Weit verbreitet sind in den Waschmitteln heute die *komplexen* oder *polymeren* Phosphate, die auch unter dem Namen *Edelphosphate* bekannt sind. Da ihnen eine gewisse Waschkraft zukommt, werden sie als *anorganische waschaktive Substanzen* bezeichnet. Drei Grundtypen haben eine besondere Bedeutung erlangt:

1. Natriumhexametaphosphat ($Na_6P_6O_{18}$),
2. Natriumtripolyphosphat ($Na_5P_3O_{10}$),
3. Tetranatriumpyrophosphat ($Na_4P_2O_7$).

Diese Substanzen werden nicht einzeln, sondern stets im Gemisch mit den anderen Phosphaten verwendet. Ihre Haupteigenschaften sind die *wasserenthärtende Wirkung*, das *Dispergier-* und *Suspendiervermögen* für Schmutzteilchen sowie ihre *Pufferwirkung* in Lösungen.

Zu diesen Phosphaten gehört z.B. das *Calgon*, ein *Natriumhexametaphosphat* (Grahamsches Salz), das in Verbindung mit WAS (Alkylarylsulfonate) deren Waschkraft wesentlich verbessert. Komplexe Phosphate der unterschiedlichsten Qualität und Zusammensetzung sind heute unter verschiedenen Handelsnamen erhältlich und wirken ähnlich wie das *Calgon.*

Kaolin wird bei Mangel an Fetten als Füllmittel für Seifen verwendet; in der Seifenindustrie und für die Waschmittelherstellung hat es heute kaum noch Bedeutung.

Als Füllmaterial und zur Erhöhung des Schmutztragevermögens für Seifen wurde früher vorwiegend *Stärke* eingesetzt, sie ist jedoch durch synthetische Cellulosederivate fast vollständig aus den Waschmitteln verdrängt worden.

Wasserlösliche Cellulosederivate: Seit längerer Zeit werden vorwiegend unter dem Namen *Tylose* (Produkte der Firma Kalle Co., Biebrach) *Methylcellulose* und *Carboxymethylcellulose* auch in der Seifen- und Waschmittelindustrie eingesetzt. Als typische Kolloide bilden sie in Wasser schon in geringen Konzentrationen dickflüssige, viskose Pasten. In Reinigungsmitteln steigern sie deren *Emulgier-* und *Dispergiervermögen* sowie auch die *Suspendier-* und *Stabilisierwirkung* (für Dispersionssysteme). Bei Fein- und Rasierseifen läßt sich damit eine Verbesserung der Geschmeidigkeit und ein dichterer Schaum erreichen. Dazu kommt eine Pufferung des durch Hydrolyse abgespaltenen Alkalis. In Verbindung mit *Synthetika* wirkt Carboxymethylcellulose hartwasserverbessernd und zeigt in manchen Fällen eine bessere Wirkung als Tripolyphosphate. Die wasserlöslichen Cellulosederivate kommen in verschiedenen Qualitäten in den Handel, von denen sich nicht alle für die Fabrikation von Waschmitteln eignen. Die Zugabe zu Seifen und Waschmitteln erfolgt teils in Form einer 5 bis 10%igen wäßrigen Lösung, teils auch in Pulverform (Waschpulver). Fast alle Waschmittel lassen sich durch derartige Cellulosederivate in ihrer Qualität verbessern.

2.113 *Die Seifenherstellung*

Die Zusammensetzung einer Seife wird von ihrem Verwendungszweck bestimmt. Ist die Seife für Kochwäsche gedacht, so sollen möglichst höhermolekulare Fettsäuren wie *Stearin-* und *Palmitinsäure* verwendet werden. Da die Löslichkeit dieser Seifen in kaltem Wasser nur gering ist, geben sie unter *Gelbildung* trübe wäßrige Lösungen von geringer Waschwirkung. Bei Temperaturen oberhalb 50 °C sind sie besser löslich, die Trübung verschwindet und das Waschvermögen der Seife ist bei weitem besser als in kaltem Wasser. Für Kochwäsche (*Baumwolle*, *Leinen* usw.) können also Seifen aus höhermolekularen Fettsäuren Verwendung finden. Es ist jedoch nicht ratsam, Fettsäuren mit mehr als 18 C-Atomen einzusetzen, weil die Löslichkeit ihrer Seifen auch bei höherer Temperatur nicht befriedigend ist.

Anders verhalten sich niedermolekulare fettsaure Salze, z. B. die *Laurate*, *Myristate* usw. Derartige Seifen lösen sich in kaltem oder lauwarmem Wasser gut auf und haben bereits bei niederen Temperaturen ein beachtliches Waschvermögen. Ein ähnliches Verhalten zeigen auch die Seifen höhermolekularer *ungesättigter Fettsäuren* (*Ölsäure*).

Die *Oberflächenspannung* der Seifenlösungen bei niederen Temperaturen steigt mit dem Molekulargewicht der Fettsäuren, also in der Reihenfolge: *Laurate* (C_{12}), *Myristate* (C_{14}), *Palmitate* (C_{16}), *Oleate* (C_{18}), *Stearate* (C_{18}). Annähernd umgekehrt ist die Reihenfolge bei höheren Temperaturen, etwa bei 80 °C. Hier zeigt die Stearatlösung die niedrigste Oberflächenspannung. Bei diesen Temperaturen ist das Waschvermögen sehr gut.

Salze der Fettsäuren mit *weniger* als *10 Kohlenstoffatomen* im Molekül zeigen die charakteristischen Seifeneigenschaften nicht. Sie sind für die Seifenindustrie kaum von Interesse.

Für Seifen, die bei niedrigen Temperaturen verwendet werden sollen, kommen demnach nur Fette in Betracht, welche *Laurinsäure*, *Myristinsäure* und *Ölsäure* enthalten. Hierzu gehören die Feinseifen zur Körperreinigung und

Seifen zum Waschen von Wolle, Seide, Dederon usw. Meist benutzt man heute zum Waschen dieser Textilien Waschpulver aus synthetischen Waschrohstoffen (Feinwaschmittel). Die genannten Säuren kommen im *Palmkern-* und im *Kokosfett* in Mengen von 60 bis 70% vor. Ölsäure ist in den meisten vegetabilischen fetten Ölen enthalten. Auch entsprechende Fraktionen *synthetischer Fettsäuren* aus der Paraffinoxydation lassen sich für die Feinseifenherstellung verwenden. Neben den geradzahligen Fettsäuren enthalten sie noch in annähernd gleicher Menge *ungeradzahlige* und eventuell *verzweigte* Säuren.

Oberhalb 50 °C werden am vorteilhaftesten *Palmitate* und *Stearate* zum Waschen von Weißwäsche aus pflanzlichen Fasern (sog. Kochwäsche) angewendet. Für Warm- und Heißwäsche gleich gut zu verwenden sind die Oleate und die Seifen aus anderen einfach ungesättigten Fettsäuren. Ein gewisser Gehalt an *Ölsäure* wirkt sich auf die Qualität der Seifen stets günstig aus. Die Waschwirkung der Seifen aus den *mehrfach ungesättigten Fettsäuren*, wie *Linol-* und *Linolensäure*, soll ungünstiger sein. Diese Seifen neigen außerdem leicht zum Ranzigwerden und zur Gelbfärbung.

In der Tabelle 2 wird ein Überblick über die wichtigsten physikalischen Eigenschaften der Fettsäuren gebracht.

Grundsätzlich unterscheidet man zwei Wege zur Herstellung der Seifen. Sie können entweder durch Verseifung von Neutralfetten mit einer genügend starken Lauge erhalten werden (*Laugenverseifung*) oder durch Umsetzung der freien Fettsäuren mit Alkalicarbonatlösungen (*Carbonatverseifung*). In neuerer Zeit tritt die Carbonatverseifung mehr und mehr in den Vordergrund, da vielfach Fettsäuren aus der Fettspaltung und der Paraffinoxydation verarbeitet werden. Wie bereits erwähnt, werden vorwiegend *Natronseifen* hergestellt. In geringerem Umfange fabriziert man *Kaliseifen* (*Schmierseifen*) und *Ammoniumseifen* (nur für Spezialzwecke). Auch Seifen mit *organischen Basen* als Kation treten vereinzelt auf, häufig im Gemisch mit Natron- oder Kaliseifen.

Tab. 2 Übersicht über die wichtigsten Fettsäuren

Nr. Name	Formel	Molgew.
1. Buttersäure	C_3H_7COOH	88
2. Valeriansäure	C_4H_9COOH	102
3. Capronsäure	$C_5H_{11}COOH$	116
4. Önanthsäure	$C_6H_{13}COOH$	130
5. Caprylsäure	$C_7H_{15}COOH$	144
6. Pelargonsäure	$C_8H_{17}COOH$	158
7. Caprinsäure	$C_9H_{19}COOH$	172
8. Undecansäure	$C_{10}H_{21}COOH$	186
9. Laurinsäure	$C_{11}H_{23}COOH$	200
10. Tridecansäure	$C_{12}H_{25}COOH$	214
11. Myristinsäure	$C_{13}H_{27}COOH$	228
12. Pentadecansäure	$C_{14}H_{29}COOH$	242
13. Palmitinsäure	$C_{15}H_{31}COOH$	256
14. Heptadecansäure	$C_{16}H_{33}COOH$	270
15. Stearinsäure	$C_{17}H_{35}COOH$	284
16. Nonadecansäure	$C_{18}H_{37}COOH$	298
17. Arachinsäure	$C_{19}H_{39}COOH$	312
18. Ölsäure[1])	$C_{17}H_{33}COOH$	282
19. Linolsäure[2])	$C_{17}H_{31}COOH$	280
20. Linolensäure[3])	$C_{17}H_{29}COOH$	278

1) 9:10-Oktadecensäure 2) 9:10, 12:13-Oktadekadiensäure

Ihrer äußeren Beschaffenheit nach gliedert man die Seifen in feste *Kernseifen*, weichere, stark wasserhaltige *Leimseifen*, *Schmierseifen* und *flüssige Seifen* (wäßrige Seifenlösungen, die zuweilen organische Lösungsmittel enthalten können).

2.1131 Kernseife

Nach den Herstellungsverfahren können zwei Kernseifenarten unterschieden werden. Die Kernseife auf *Unterlauge*

Fp. (°C)	Kp. (°C)	Säurezahl	Dichte
− 6	162	637	$0{,}9587_{20/4}$
−35	186	549	$0{,}9415_{20}$
− 4	208	483	$0{,}9294_{20/20}$
−10	223	431	$0{,}9183_{20}$
+16	237	389	$0{,}9100_{20/4}$
12	253—254	355	$0{,}9068_{17,5/4}$
31	268	326	$0{,}895_{30}$
28,5	280	301	
44	176_{15}	280	$0{,}883_{20}$
42,5	200_{24}	262	$0{,}8547_{70/4}$
54	199_{16}	246	$0{,}8528_{70/4}$
52	195_{13}	232	$0{,}8514_{70/4}$
64	215_{15}	219	$0{,}8487_{70/4}$
62		208	
70	232_{18}	197	$0{,}8490_{70/4}$
64,5		188	$0{,}8468_{70/4}$
75	$240—250_{18}$	180	
14	$215—216_{5}$		
flüssig	210_{5}	in trocknenden Ölen	
flüssig	210_{5}	in trocknenden Ölen	

3) 9:10, 12:13, 15:16-Oktadekatriensäure

wird nach der älteren Methode gewonnen, während die Kernseife auf *Leimniederschlag* das moderne Verfahren darstellt, welches zunehmend an Bedeutung gewinnt.

Kernseife auf Unterlauge

Als Ausgangsmaterial kommen hauptsächlich sogenannte *Kernfette* wie *Talg*, *Knochenfett*, *Kammfett*, *Palmöl*, *Olivenöl*, *Erdnußöl* zur Anwendung. Oft werden auch kleinere Mengen *Kolophonium* zur Verbesserung der Löslichkeit der Seifen zugefügt.

Zur Verseifung werden die Fette in großen, meist durch Dampf beheizten Siedekesseln eingeschmolzen und mit wenig verdünnter Natronlauge vorgesotten, bis eine vollständige Emulgierung eingetreten ist. Hierzu wird etwa ein Drittel der Alkalimenge als 5 bis 7%ige Lösung eingesetzt. Zur weiteren Verseifung wird wiederum ein Drittel der Gesamtalkalimenge (aus der Verseifungszahl errechnet) in mehreren Portionen langsam in den Verseifungskessel eingebracht. Diese Lauge ist etwas stärker und enthält 11 bis 17% Natriumhydroxyd. Zur Vervollständigung der Verseifung wird zum Schluß der Rest der Alkalimenge als 20 bis 25%ige Lauge zugegeben. Nach beendeter Verseifung soll noch ein geringer Alkaliüberschuß vorhanden sein. Der anfallende Seifenleim ist eine klare, fadenziehende, homogene Masse.

Aus dem Seifenleim wird die Kernseife durch Aussalzen mit unterschiedlichen Kochsalzmengen oder mit einer gesättigten Kochsalzlösung abgeschieden. Die Unterlauge, in der sich das *Glycerin* befindet, wird abgezogen und das Glycerin daraus isoliert.

Zur Ausfällung der Seifen aus reinen Kernfetten ist eine geringere Kochsalzmenge erforderlich als für Seifen, die noch Leimfette oder viel Ölsäure enthalten (*Kokos-*, *Palmkernfett* oder sonstige fette Öle).

Bei der Ausflockung (*Koagulation*) der Kernseife aus dem Seifenleim werden viel Wasser und verschiedene Verunreinigungen eingeschlossen. Durch Verkochen des Seifenkerns auf einem Teil der Unterlauge schmilzt die stark wasserhaltige Seife zusammen. Außer dem Wasser und den Verunreinigungen werden dabei auch eingeschlossene Luftbläschen frei. Man nennt diesen Arbeitsgang das *Klarsieden.*

Früher blieb die Seife etwa 48 Stunden stehen und wurde dann in Formen gegossen. Moderne Betriebe verfügen heute über Kühlwalzwerke, die nach den verschiedensten Verfahren arbeiten. Die Weiterverarbeitung der Kernseife wird bei der Feinseifenherstellung mitbehandelt.

Ein Nachteil der Kernseife auf Unterlauge ist ihre durch einen gewissen Salzgehalt verursachte Härte. Durch den

Salzgehalt wird z. T. auch das geringere Schaumvermögen — gegenüber der Kernseife auf Leimniederschlag — verursacht. Der Hauptgrund für das geringere Schaumvermögen ist jedoch die schlechtere Löslichkeit der Seife in kaltem Wasser. Aus diesen Gründen ist man heute nahezu vollständig zu Herstellung der Kernseife auf Leimniederschlag übergegangen.

Kernseife auf Leimniederschlag

Als Ausgangsmaterial für Kernseifen dieser Art dienen hauptsächlich *Kokos-* und *Palmkernfett* — die sogenannten *Leimfette* — sowie entsprechende synthetische Fettsäuren. In der Qualität ist die Seife besser als die Kernseife auf Unterlauge. Der Salzgehalt ist geringer, die Löslichkeit in kaltem Wasser größer und das Schaumvermögen besser. Außerdem ist sie weniger spröde. Als Folge der Anwesenheit von Leimfetten mit Fettsäuren von C_{10} bis C_{14} ist die Waschkraft dieser Seifen bei niederer Temperatur sehr beachtlich. Zuweilen bildet auch die *Ölsäure* die Hauptkomponente der Kernseifen auf Leimniederschlag.

Zur Gewinnung der Seife wird der Seifenleim nicht vollständig mit Kochsalz ausgesalzen, so daß unter dem eigentlichen Kern eine leimartige Salzlösung, der *Leimniederschlag*, entsteht. Um die oft sehr weiche Seife in festerer Form zu erhalten, wird außer dem Leimfett auch tierisches Fett eingesetzt. Häufig bestehen die Ansätze aus einem Drittel Pflanzenfett (*Ölsäure*), einem Drittel Kokos- oder Palmkernöl (*Laurin-* und *Myristinsäure*) und einem Drittel tierisches Fett (*Palmitin-* und *Stearinsäure*).

Die im Leimniederschlag gelöste Seife wird durch Zusatz von Kochsalz abgeschieden und beim nächsten Ansatz verarbeitet. Überschüssiges Alkali im Leimniederschlag wird durch Fettsäure neutralisiert.

Aus der Kernseife auf Unterlauge läßt sich nach folgender Methode eine Seife auf Leimniederschlag herstellen: Zu der ausgesalzenen Seife wird in genügender Menge (etwa ein Drittel) Leimfett gegeben und unter Zusatz einer entsprechenden, aus der Verseifungszahl errechneten Menge 20%iger Natronlauge, weiter verseift. Mit 24%iger Kochsalzlösung wird ausgesalzen, bis die Unterlauge klar ist. Durch Einführung von heißem Wasser oder 2 bis 3%iger Kochsalzlösung in den Seifenkern wird *verschliffen*, d. h. die Unterlauge wird verdünnt, um die Bildung des Leimniederschlages zu ermöglichen. Durch die *Verschleifung* werden die einzelnen Seifenkörnchen zusammengeschmolzen, so daß die Seife ein glattes Aussehen erhält.

Carbonatverseifung der freien Fettsäuren

Die Carbonatverseifung kann für die Herstellung beider Kernseifenarten angewendet werden. Bekanntlich werden heute vielfach die freien Fettsäuren aus der Fettspaltung und aus der Paraffinoxydation zur Seifenherstellung benutzt. Neben der Umsetzung mit Alkalicarbonaten, mit *Soda* oder in geringem Umfange mit *Pottasche*, können freie Fettsäuren selbstverständlich auch mit den entsprechenden Laugen verseift werden.

Zur Verseifung bringt man in einem Kessel die Alkalicarbonatlösung zum Sieden und läßt die geschmolzenen Fettsäuren langsam einfließen. Infolge der heftigen Kohlendioxydentwicklung schäumt die Lösung stark. Aus diesem Grunde ist es ratsam, ein sehr großes Gefäß zu benutzen. Nachdem alle Fettsäure zugegeben ist, wird gekocht, bis kein Kohlendioxyd nehr entweicht. Da die Säure aus der Fettspaltung fast immer Neutralfett enthält und dieses nicht durch Carbonat verseift wird, gibt man zur Vervollständigung der Verseifung eine der Verseifungszahl äquivalente Menge Lauge zu.

Der Seifenleim wird wie bei der Kernseife auf Unterlauge weiterbehandelt. Verwendet man Leimfettsäuren (Laurin- und Myristinsäure), können auch Kernseifen auf Leimniederschlag gewonnen werden. Die Unterlauge ist hierbei nahezu frei von *Glycerin*.

Zusätze zu Kernseifen und anderen Seifen

Erfahrungsgemäß liegt die beste Waschwirkung einer Seife bei einem pH-Wert von 10,5. Eine reine Natronseife erteilt der Waschlauge jedoch nur einen pH-*Wert* von 10,0. Durch Zusatz bestimmter Chemikalien wird der pH-*Wert* deshalb auf 10,5 eingestellt. Sehr geeignet ist dafür ein *alkalisch gestelltes Wasserglas*, das gleichzeitig die *Stabilität* des *Schaumes* erhöht und die von ihrer Unterlauge abgelösten Schmutzteilchen durch seine Viskosität in der Schwebe erhält. Außerdem bewirkt Wasserglas bei hartem Wasser eine Verminderung des Seifenverbrauches.

In neuerer Zeit wird statt des Wasserglases *Metasilicat* verwendet. Die Waschwirkung des Metasilicates ist in mancher Hinsicht besser als die des Wasserglases. Die Gründe für diese Erscheinung sind noch nicht genau bekannt.

Durch Abscheidung *kolloidaler Kieselsäure*, die sich vor allem beim Waschen von Textilien in geringer Menge auf den Fasern absetzt und dadurch deren Qualität (Farbe und Griff) verschlechtert, wirkt sich der Zusatz der Silicate zu Waschmitteln in manchen Fällen etwas *nachteilig* aus.

Zur Erhöhung der Stabilität von Seifenlösungen gegen die Wasserhärte und zur Verbesserung der Waschwirkung gibt man den Seifen verschiedene Phosphate (siehe S. 41) zu. Unter anderem haben sich die polymeren Metaphosphate, die unter dem Namen *Calgon* im Handel sind, gut bewährt. Die günstige Beeinflussung der Wirksamkeit der Seife beruht vor allem auf der Fähigkeit der Metaphosphate, mit Erdalkalien Komplexe zu bilden. Den Seifen werden Mengen von 4 bis 10% zugemischt, um die *Härtebeständigkeit* zu erhöhen und sie *oberflächenaktiver* zu machen.

Soll die Löslichkeit der Seifen in Wasser verbessert werden, verwendet man sogenannte *Lösungsvermittler*, z. B. *Glykoläther*. Durch Zusatz von 2 bis 4% *Glykoläther* wird der Trübungspunkt um einige Grade herabgesetzt (Rordorf [11]).

2.1132 Leimseifen

Da die Leimseifen von geringerer Bedeutung sind als die Kernseifen, sollen sie hier nur kurz erwähnt werden. Sie lassen sich durch *kalte*, *halbwarme* oder *Verseifung* in der *Siedehitze* leicht herstellen. Zur kalten und halbwarmen Verseifung wird die Lauge mit dem Fett emulgiert. Während der Verseifung steigt die Temperatur, das Reaktionsgemisch erwärmt sich auf etwa 70 bis 80 °C.

Leimseifen haben einen sehr hohen Wassergehalt und enthalten häufig einen Überschuß an Alkali. Infolge des hohen Wassergehaltes liegt die Fettsäuremenge in den Leimseifen meist unter 45%. Sie eignen sich besonders gut zur Aufnahme von Füllmitteln wie *Harz*, *Stärke*, *Gelatine*, *Cellulosederivaten*, *Wasserglas*, *Soda*, *Pottasche*, *Gips*, *Kaolin*, *Kreide* und anderen. Durch derartige Zusätze können die Seifen stark gestreckt werden, so daß Ausbeuten von 200 bis 300% erhalten wurden. Derartige gefüllte Seifen wurden vor allem in Zeiten, in denen es an Fett mangelte, in größerem Umfange hergestellt.

2.1133 Schmierseifen

Die Fabrikation der Schmierseifen erfolgt ähnlich wie die der Leimseifen. Statt der Natronlauge wird *Kalilauge* verwendet, oder, wenn Fettsäuren eingesetzt werden, mit *Pottaschelösung* verseift. Um weniger weiche Produkte zu erhalten, werden kleine Mengen Natronlauge zugesetzt. Wie bei der Leimseife verbleibt auch hier die Unterlauge (eventuell mit *Glycerin*) in der fertigen Seife und ist auch ein Grund für ihre schmierige Konsistenz. Der Fettsäuregehalt von Schmierseifen soll nicht unter 36% liegen.

Als Ausgangsmaterial kommen *Olein-*, *Lein-*, *Sojabohnen-*, *Oliven-*, *Erdnuß-*, *Maisöl* und manchmal auch *Kolophonium* in Frage. Nach der Art der eingesetzten Fette richtet sich die Stärke der Lauge, die in manchen Fällen durch Zusatz von *Pottasche* herabgesetzt wird, um die Viskosität des sich bildenden Seifenleims zu verbessern. Durch mehr oder weniger langes Kochen des Seifenleims nach der Verseifung wird der Wassergehalt der Schmierseife eingestellt.

Ihrem Aussehen nach unterscheidet man *glatte*, *gekörnte* und *durchwachsene* Schmierseifen, der Farbe nach *weiße*, *gelbe*, *grüne* oder *braune*. Der Versand der Seife erfolgte früher meist in Fässern (Faßseife).

Glatte Schmierseifen sind *homogen* und nahezu *transparent*. Die *gekörnte* Seife entsteht durch Zusatz von Fetten mit *höheren gesättigten Fettsäuren* wie *Palmitin-* und *Stearinsäure*. Das *Kaliumpalmitat* und *-stearat* scheiden sich in der durchscheinenden Seife kristallin ab. Bei der *durchwachsenen* Seife bilden *Natriumpalmitat* und *-stearat* kleine zusammenhängende Kristalle innerhalb der Seife. *Silberseifen* oder *Naturkornseifen* sind ebenfalls Schmierseifen mit kristallinen Ausscheidungen von *Kaliumstearat*, wodurch ihnen ein *weißes* oder *perlmutterartiges* Aussehen verliehen wird.

Für einige Spezialzwecke werden auch *Ammoniumseifen* hergestellt. Die Bedeutung derartiger Produkte ist nur gering, weil sie verhältnismäßig unbeständig sind und häufig nach Ammoniak riechen.

Auch der Schmierseife setzt man, wie der Kernseife, *Füllmittel* zu, um ihre Waschwirkung zu verbessern oder um sie zu strecken. Oft wird allerdings jegliches Füllmaterial abgelehnt, und nur zur Verbesserung des Aussehens und der Konsistenz mengt man *Pottasche* und *wasserlösliche Cellulosederivate* bei. *Wasserglas* wird als Füllmittel vielfach abgelehnt; jedoch enthält die Schmierseife häufig *Kaliumchlorid*, *Borax*, *Natriumsulfat* oder *Stärke*. Vereinzelt werden Schmierseifen mit *Kaliumhypochlorit*lösung gebleicht oder auch durch Zusatz von *Eisenvitriol*, *Blauholz-* oder *Galläpfelabkochungen* gefärbt.

Häufig findet man heute in den Schmierseifen *synthetische waschaktive Substanzen*, wie *Mersolate* oder Alkylsulfate, z. B. die *Teepol-Schmierseife*. In der Textilindustrie, in den Großwäschereien und für die industriellen Reinigungszwecke werden solche Mischungen, die meist ca. 10 bis 15% *Synthetika* enthalten, in großem Umfang verbraucht. Die Reinigungswirkung derartiger Produkte soll besser sein als die der reinen Schmierseifen. Sparsamkeit im Verbrauch, Kalkbeständigkeit und schnelle Schaumentwicklung hat den *Synthetika-Seifen-Kombinationen* einen guten Ruf erworben.

2.1134 Feinseifen (Toilettenseifen)

Eine beträchtliche Menge der produzierten Seifen werden als Körperreinigungsmittel verwendet. Für derartige Seifen kommen als Ausgangsmaterial nur die besten, einwand-

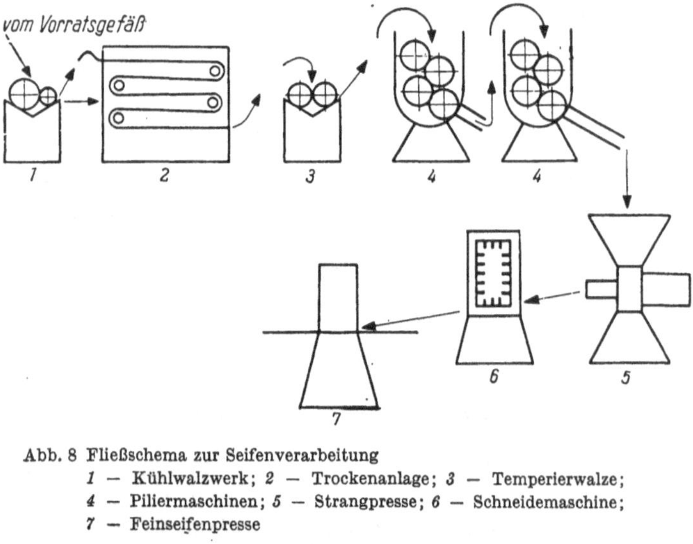

Abb. 8 Fließschema zur Seifenverarbeitung
1 – Kühlwalzwerk; *2* – Trockenanlage; *3* – Temperierwalze; *4* – Piliermaschinen; *5* – Strangpresse; *6* – Schneidemaschine; *7* – Feinseifenpresse

freiesten Fette in Frage, wie *Olivenöl*, *Erdnußöl*, *Preßtalg*, *Kokosfett* und dergleichen. Da die Körperreinigung bei Wassertemperaturen unterhalb 50 °C vorgenommen wird, müssen die zur Verseifung eingesetzten Fettsäuren zu den *Leimfetten* gehören. In neuerer Zeit wird der *Polymorphismus* der Seife ausgenutzt, um aus höhermolekularen Fettsäuren

Abb. 8a Seifen-Kühlwalzwerk (Hersteller: VEB Maschinenfabrik Heidenau)

Abb. 8b Grundseifen-Trockenanlage (Hersteller: VEB Maschinenfabrik Heidenau)

Produkte herzustellen, die auch bei niederen Temperaturen ein gutes Waschvermögen aufweisen. Ausführlich hat M. Fock [11a] darüber berichtet.

Bei der Feinseifenfabrikation geht man so vor, daß zuerst eine reine Kernseife auf Leimniederschlag hergestellt wird, die man durch Trocknen auf einen Wassergehalt von

Abb. 8 c Grundseifen-Temperierwalze (Hersteller: VEB Maschinenfabrik Heidenau)

10 bis 20% bringt. Die Seife wird mit den auf Abbildung 8 a bis 8 g dargestellten Maschinen aufgearbeitet (die Bilder wurden freundlicherweise von dem VEB Maschinenfabrik Heidenau zur Verfügung gestellt). Aus dem *Vorratsbehälter* (s. Fließschema Abb. 8) wird die heiße Seife über eine Verteilerrinne dem *Seifen-Kühlwalzwerk* (Abb. 8 a) zugeführt. Die Abkühlung erfolgt durch eine große Kühlwalze, von der die Seife durch Abstreichmesser in gleichmäßig starken Seifenspänen abgenommen wird. Die vom Kühlwalzwerk

kommenden Seifenspäne werden kontinuierlich durch die *Grundseifen-Trockenanlage* (Abb. 8 b) befördert und durch einen erwärmten Luftstrom getrocknet. In der Anlage lassen sich stündlich bis zu 1000 kg Seifenspäne trocknen. Auf einer *Temperierwalze* (Abb. 8 c) werden die von der Trokkenanlage gelieferten Späne auf Raumtemperatur abgekühlt, verrieben (um Unterschiede im Fettsäuregehalt auszugleichen) und wieder zu Spänen verdichtet. Die Späne

Abb. 8 d Moderne Piliermaschine mit Vierwalzwerk (Hersteller: VEB Maschinenfabrik Heidenau)

wandern weiter zù den *Piliermaschinen* (meist zwei) (Abb. 8 d), wo *Farbstoff* und *Parfüm* zugemischt werden. Die Zusätze werden durch Zerreiben mit Walzen und durch anschließendes Durchkneten gut in die Seife eingearbeitet. Als

Abb. 8 e Strangpresse (Hersteller: VEB Maschinenfabrik Heidenau)

vorkomprimiertes *Granulat* verläßt die Seife die Piliermaschine und gelangt über ein Transportband zur *Strangpresse* (Abb. 8 e), die sie als dichter Seifenstrang verläßt. Auf der *Schneidemaschine* (Abb. 8 f) wird der Strang zerteilt und die einzelnen Stücke wandern zur automatischen *Feinseifenpresse* (Abb. 8 g). In der Stunde können etwa 9000 Stück Qualitätsfeinseife geprägt werden.

Farb- und *Riechstoffe* für die Feinseifenfabrikation müssen eine bestimmte *Alkalibeständigkeit* aufweisen und in der Seife löslich sein. Je nach Qualität der Seife werden mehr oder weniger wertvolle Riechstoffe verwendet. Für billige Toilettenseifen werden z. B. häufig *Nitrobenzol* (künstliches *Bittermandelöl*), *Benzylacetat*, *Thymian-* oder *Wintergrünöl*,

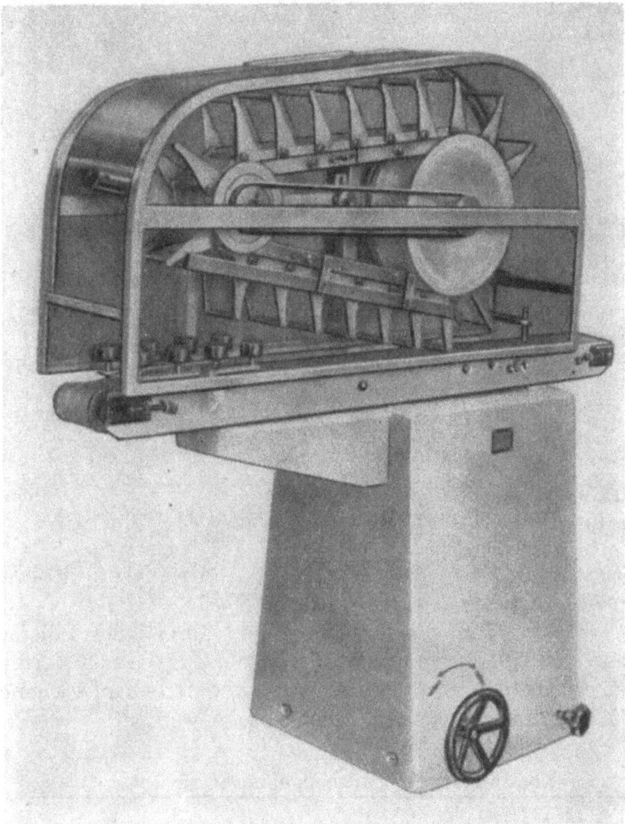

Abb. 8f Seifenstücke-Schneidemaschine (Hersteller: VEB Maschinenfabrik Heidenau)

Terpineol, Fichtennadelextrakt, Cedernholzöle, Citronella, Fenchel, Pfefferminz, Safrol, Rosmarin, Kümmel, Lavendel und *Nelken* gebraucht. Zur Parfümierung besserer Seifen kommen folgende Substanzen in Frage: *Sandelholz-, Lavendelöl,*

Abb. 8 g Automatische Feinseifenpresse
(Hersteller: VEB Maschinenfabrik Heidenau)

Bromstyrol, Cumarin, Heliotropin, künstlicher *Moschus* sowie *Rosenduft* aus *Terpineol* und *Phenyläthyläther.*

Setzt man das Parfüm der Seife während des Pilierens zu, verändert es sich weniger als bei der Zugabe zum warmen Seifenleim. Durch die leicht alkalische Seifenlauge können die Parfümierungsmittel leicht zersetzt werden.

Kontinuierliche Seifenherstellungsverfahren

Am bekanntesten ist das kontinuierliche Verseifungsverfahren der Sharpless Corporation of Philadelphia, USA. Mit Hilfe von automatischen Reglern wird eine genau dosierte Menge *Lauge* und *Fett* bzw. *Fettsäure* in einen Mischer gebracht und fließt von dort in eine Hochleistungszentrifuge. In der ersten Stufe erfolgt eine ca. 90%ige Verseifung. Das nicht vollständig verseifte Produkt fließt durch drei weitere Mischer und Zentrifugen. Der Seifenkern verläßt die vierte Zentrifuge mit einem Fettsäuregehalt von 60 bis 62%, einem Glyceringehalt von 0,3% und einem Kochsalzgehalt von 0,2%. Die Alkalität wird automatisch in bestimmten Zeitabständen überprüft und reguliert. Die Anlage kann in der Stunde bis zu 9000 kg Seife ausstoßen.

Zu erwähnen ist noch das amerikanische Procter-Gamble-Verfahren und das Conti-Thermo-Press-Verfahren. Diese Verfahren ermöglichen eine Senkung der Betriebskosten und arbeiten sehr sauber.

Neben den kontinuierlichen Verseifungsverfahren spielen die Seifenweiterverarbeitungsmethoden eine bedeutende Rolle. Interessant ist hier das Mazzoni-Verfahren. Nach dieser Methode wird die heiße flüssige Seife in einer kontinuierlich arbeitenden Vakuumanlage durch eine rotierende Zerstäubungsvorrichtung versprüht und dabei getrocknet und gekühlt. Der an der Gefäßwandung entstehende Seifenfilm wird durch Abstreifer laufend entfernt und einer Strangpresse zugeführt. Eine Teilansicht der Anlage zeigt Abbildung 9. Die Anlage eignet sich zur Herstellung der verschiedensten Seifenarten wie normaler Waschseife mit etwa 62 bis 64% Fettsäuregehalt, gefüllter Kernseife, transparenter Seife, stark getrockneten Seifen und Seifenpulver. Nach dem Mazzoni-Verfahren hergestellte Seifen bestehen vorwiegend aus der β-Phase, der man besonders gute Wascheigenschaften zuschreibt. Vor allem soll die β-Phasen-Seife aus höhermolekularen Fettsäuren ähnliche Eigenschaften wie die Seife aus Leimfetten aufweisen (siehe auch Fock [11a]).

Überfettungsmittel

Eine allgemeine Verbesserung der Qualität von Feinseifen wird durch einige nicht verseifbare Stoffe (*Über-*

Abb. 9 Kontinuierliche Vakuumtrockenanlage für die Herstellung der verschiedensten Seifenprodukte mit Strangpresse (Hersteller: Maschinenfabrik Mazzoni, Italien)
(Mit freundlicher Genehmigung der Firma Mazzoni)

fettungsmittel) erreicht. Es handelt sich dabei um Verbindungen, die in der Seife keine Zersetzung erfahren und die Qualität nicht beeinträchtigen. Oft verwendet man *Lanolin* (*Wollfett*), *Vaseline*, natürliche oder synthetische *Fettalkohole* mit mindestens 16 C-Atomen, bestimmte *Fettsäureester* (*Diäthylenglykolricinoleat*, *Diäthylenglykolstearat*) u. a. Solche Stoffe sollen die hautreizende Wirkung, die schon durch Spuren von Alkali auf der *Epidermis* hervorgerufen werden kann, verhindern. Das Überfettungsmittel soll der Haut bei der Reinigung in feinverteiltem Zustande zugeführt werden und die entfettende Wirkung der Seife auf die Haut herabsetzen. Außerdem geben die Überfettungsmittel einen feinblasigen Schaum und bewirken eine Verbesserung der Waschkraft. Überfettungsmittel werden erst auf der Piliermaschine in die Seife eingearbeitet.

2.1135 Sonstige Seifenarten

Neben der normalen Toilettenseife sind im Handel *transparente* Feinseifen erhältlich, die durch Verseifung reinster Fette oder Fettsäuren gewonnen werden. Durch Zusatz von *Alkohol*, *Zucker* oder *Glycerin* wird ihnen ein *transparentes* Aussehen verliehen.

Unter *Schwimmseifen* versteht man Feinseifen, die durch Einpressen von Luft oder durch Schaumigschlagen der warmen, flüssigen Kernseife auf eine Dichte unter 1,0 gebracht sind. Die Dichte der Seifen liegt normalerweise über 1,0.

Rasierseifen stellen Mischungen aus *Kali-* und *Natronseifen* oder auch nur reine *Kalikernseifen* dar. Zur Verseifung werden *Stearin* (*Stearin-*, *Palmitinsäuregemisch*), *Kokosfett*, *Talg* und ähnliche Fette oder Fettsäuren eingesetzt. Auf ähnliche Art wird *Rasiercreme* hergestellt, jedoch enthält sie mehr Wasser und zuweilen Zusätze an *synthetischen waschaktiven Substanzen* wie *Alkylsulfaten* usw. Als Überfettungsmittel arbeitet man *Glycerin*, *Lanolin*, *Cetylalkohol* und ähnliche Substanzen ein, um neben der hautschonenden Wirkung den Schaum geschmeidiger zu machen und das Eintrocknen zu verzögern.

2.1136 Spezialseifen

Lösungsmittelseifen (*Fettlöserseifen*): Vorwiegend in der Textilindustrie werden Seifen dieser Art wegen ihres hohen Reinigungsvermögens in größerem Umfang dazu benutzt, von den Fasern *Fette* und *Mineralöle* zu entfernen. Die Lösungsmittel werden vor dem Erstarren des Seifenleims eingearbeitet. Je nach Lösungsmittelmenge sind die Seifen *fest, halbfest* oder *flüssig.* Als Lösungsmittel kommen folgende fettlösende Flüssigkeiten in Frage: Benzin, Benzol, Toluol, Tetrachlorkohlenstoff, Trichloräthylen, Terpentinöl, Dekalin, Tetralin, Butanol, Petroleum und ähnliche.

Medizinische Seifen: Das Gebiet der medizinischen Seifen ist sehr umfangreich und vielseitig. Am weitesten verbreitet sind die *desinfizierenden* und *desodorisierenden* Seifen. Eine gewisse Bedeutung haben auch die rein *therapeutischen* Seifen.

Reinen Seifen kommt keine oder nur eine *minimale Desinfektionswirkung* zu. Deshalb arbeitet man in die Seifen *desinfizierende Wirkstoffe* ein, die beim Waschprozeß ihre Wirkung entfalten. Als keimtötende Substanzen werden verwendet: *Phenole, Chlorphenole, Thymol, Mercurophen, Sublimat, Quecksilberpyridylchlorid, Formaldehyd* u. ä. Stoffe. Von der Art des Wirkstoffes und vom Verwendungszweck ist die Konzentration der eingearbeiteten Substanzen abhängig. Die Desinfektionsmittel werden bei der Herstellung fester Seifen dem Seifenleim vor dem Erstarren zugesetzt.

Zur *Desodorisierung* dienende Seifen für die Körperpflege enthalten *bakterizide* Wirkstoffe, die das Wachstum der schweißzersetzenden Hautbakterien hemmen, z. B. *Hexamethylentetramin* (*Urotropin*), oder *Hexachlorophen.* Vereinzelt wird auch *Chlorophyll* als desodorisierender Wirkstoff den Seifen zugesetzt. Die Entstehung und Anhäufung übelriechender Zersetzungsprodukte auf der Haut wird durch derartige Seifen weitgehend vermieden.

Als wichtigste Vertreter der rein *therapeutischen* Seifen sind die *Schwefel-* und die *Teerseifen* zu erwähnen, welche vorwiegend bei verschiedenen Hautkrankheiten verordnet werden. Der Gehalt an *Schwefel* bzw. *Teer* ist sehr unterschiedlich.

Weitere Spezialseifen sind die *Lederseifen*, die zur schonenden Reinigung der verschiedensten Ledergegenstände herangezogen werden. Es sind pastenartige, zumeist farblose, nicht fließende Emulsionen, welche neben der Seife noch enthalten: 1. *Lösungsmittel* (Benzin, Tetralin, Glycerin u. a.), 2. *Scheuermittel* (Kaolin, Talk, Kreide), 3. *glanzgebende Mittel* (Bienenwachs, synthetische Wachse, Montanwachs u. a.).

Zur Entfernung grober Verunreinigungen von der Haut oder von sonstigen Unterlagen dienen sogenannte *Sandseifen*. Sie werden durch Zusatz von *Bimssteinpulver* zu einer normalen Kernseife oder auch zu einer Schmierseife erhalten. Der Gehalt an Bimssteinpulver und dessen Korngröße richten sich nach dem Verwendungszweck.

Seifen treten außerdem in verschiedenen technischen Produkten auf und spielen dabei oft die Rolle von *Emulgatoren*. In Lösungsmittelfreier *Schuhcreme* und in *Bohnermassen* z. B. sollen Seifen den Zerfall der Emulsionen verhüten. Einen ähnlichen Zweck erfüllen sie in *Hautcremes*, *Bohr-* und *Schneidölen* sowie in gleichartigen Produkten. Zur Verbesserung des Benetzungsvermögens werden Seifen neben anderen Netzmitteln den *Schädlingsbekämpfungsmitteln* zugesetzt.

Mangelerscheinungen bei Feinseifen

Einige Seifen werden nach längerer Lagerzeit oft *ranzig*. Für das Auftreten der *Ranzidität* werden zumeist die *ungesättigten* Fettsäuren verantwortlich gemacht, welche, je nach Höhe der Jodzahl, mehr oder weniger leicht oxydiert werden. Oft wird auch durch grelles Sonnenlicht eine einwandfreie Seife schnell ranzig und nimmt einen unangenehmen Geruch an. Eine gut gesottene Seife soll normalerweise nicht oxydationsanfällig sein. Vielfach wirken Schwermetallverbindungen (*Kupfer*, *Eisen*) als Katalysatoren beim Ranzigwerden. Daher muß man bei der Seifenfabrikation darauf achten, daß die Rohprodukte möglichst wenig mit *Kupfer-* oder *Eisenverbindungen* in Berührung kommen. Die verwendeten Alkalien sollen möglichst eisenfrei sein. Apparaturen mit leicht rostenden Eisenteilen sollen nicht verwendet werden. Zur Vermeidung des Ranzigwerdens können sogenannte *Antioxydantien* (*Inhibitoren*), wie *Thiosulfate*, *Benzoesäure*, *Zinn(II)-chlorid* und ähnliche Verbindungen, in die Seife eingearbeitet werden.

Bleichen der Seife

Um aus billigen, dunklen Fetten und fetten Ölen möglichst helle Seifen herzustellen, werden die Fette vor der Verseifung gebleicht bzw. raffiniert. Eine während des Verseifungsprozesses auftretende Verfärbung muß jedoch durch Bleichen der Seife beseitigt werden.

Das Bleichen kann mit *oxydierenden* oder mit *reduzierenden* Chemikalien ausgeführt werden; die Reduktionsbleichung wird bevorzugt. Sie wird mit freier schwefliger Säure oder deren Salzen vorgenommen. Viel angewendet wird die Bleichung mit *Natriumsulfit*, *Zinkstaub* und *Schwefelsäure* oder mit *Blankit*, dem *Natriumhyposulfit* ($Na_2S_2O_4$). Bei Verwendung von Natriumsulfit, Zinkstaub und Schwefelsäure werden zum Bleichen von 1000 kg Seife etwa 7 kg Natriumsulfit, 1,35 kg Zinkstaub, 7 kg Schwefelsäure (verdünnt) und ca. 60 *l* Wasser benötigt. Die damit gebleichte Seife muß noch auf Neutralität bzw. schwache Alkalität geprüft werden. *Blankit* wird in alkalischer wäßriger Lösung dem warmen Seifenleim vor dem Aussalzen zugegeben. Dabei tritt folgende Umsetzung ein:

$$Na_2S_2O_4 + 2NaOH + H_2O \rightarrow Na_2SO_4 + Na_2SO_3 + 2H_2$$

Für 1000 kg Fettansatz können etwa 1 bis 5 kg des Bleichmittels gerechnet werden. Die Menge ist von dem Grad der Verfärbung abhängig.

Für die *Oxydationsbleiche* eignet sich am besten eine *Hypochlorit*lösung (vorwiegend *Natriumhypochlorit*, NaOCl). Zur

Bleichung wird die Seife ausgesalzen, die Unterlauge abgezogen, und durch Zusatz von Wasser wieder schwach verleimt. In die auf 70 bis 80 °C abgekühlte Seife wird die verdünnte Hypochloritlösung gegeben. Nach ungefähr einer Stunde ist die Bleichung bei guter Rührung so weit fortgeschritten, daß wieder ausgesalzen werden kann. Leider weisen die auf diese Weise gebleichten Seifen beim Waschen zuweilen einen unangenehmen *Chlorgeruch* auf.

Heute ist man vielfach zur Bleichung mit *Perverbindungen* übergegangen. Neben dem *Wasserstoffperoxyd* hat sich das *Natriumperoxyd* gut bewährt. Verwendet man Natriumperoxyd, kann das entstehende Ätzalkali gleich an der Verseifung der Fette teilnehmen. Vereinzelt werden auch *Persulfate*, *Perpyrophosphate* und andere Persalze zur Aufhellung der Seife eingesetzt.

Flüssige Toilettenseifen und Shampoos

Früher waren die flüssigen Seifen wäßrige Lösungen neutraler *Kaliseifen* mit Zusätzen von *Glycerin*, *Äthanol* und eventuell von wasserlöslichen *Celluloseäthern*. In neuerer Zeit sind die Seifen nahezu vollständig durch wäßrige Lösungen synthetischer waschaktiver Substanzen ersetzt worden.

Auch die für die Haarwäsche benutzten *Shampoos* bestehen heute fast ganz aus Lösungen synthetischer Waschrohstoffe. Um Haarschäden zu vermeiden und zur Verbesserung des Haaraussehens werden Pflegemittel, wie *Überfettungsmittel* (siehe S. 61), *Eigelb* u. ä. Substanzen, beigemischt.

Seifenflocken

Der Verbrauch von *Seifenflocken* zum Waschen der Haushaltwäsche ist stark zurückgegangen, weil meist mit Seifen- oder Waschpulvern gearbeitet wird. Durch Verwalzen der Kernseife in dünne Blättchen und anschließende Zerkleinerung lassen sich Seifenflocken einfach herstellen.

Ein Zusatz von *optischen Aufhellern* (*Weißtönern*) wie *Ultramarin* (*Waschblau*) verleiht den Produkten zuweilen eine bläuliche Färbung.

Seifenpulver

Die eigentlichen Seifenpulver haben durch die fortschreitende Entwicklung der synthetischen Waschmittel gleichfalls an Bedeutung verloren.

Heute kennt man die eigentlichen *Seifenpulver* (Gemenge aus pulverisierter *Seife*, *Soda* und einigen *Füllmitteln*), die *Waschpulver* (Gemenge aus *synthetischen Waschrohstoffen*, eventuell mit *Seife*, *Soda*, *Wasserglas*, *Metasilicat*, *Borax*, verschiedenen *Phosphaten*, *Natriumsulfat*, wasserlöslichen *Celluloseäthern*, *optischen Aufhellern*, *Parfüm* usw.) und die *Bleichpulver* (Zusammensetzung ähnlich wie die der Waschpulver, nur mit Zusatz von Bleichmitteln für die Textilien, z. B. von *Natriumperborat*, $NaBO_2 \cdot H_2O_2 \cdot 3\,H_2O$, oder seltener von *Natriumpercarbonat*). Auf Wasch- und Bleichpulver wird bei den synthetischen waschaktiven Substanzen näher eingegangen.

Die Grundlage für Seifenpulver ist stets eine vollständig verseifte Kernseife. Früher bereitete man die Seifenpulver nach dem sogenannten *Tennenverfahren*. Der Seifenleim wurde mit *calcinierter Soda* versetzt, auf flache Eisenschalen oder Steinplatten (*Tennen*) ausgebreitet und getrocknet. Um weniger stark alkalische Waschlaugen zu erhalten, wurde statt der Soda ein Gemisch aus Natriumbicarbonat und Soda, *modifizierte Soda*, verwendet. Bei solchen Produkten muß die Waschtemperatur möglichst niedrig gehalten werden, um eine Zersetzung des Bicarbonates zu verhindern (siehe Universalwaschmittel, S. 184). Nach der Trocknung ging die erstarrte Masse durch einen Vorbrecher und anschließend erfolgte die Pulverisierung in einer Schlagmühle.

Heute werden die Seifenpulver (und auch die übrigen Waschpulver) durch *Verstäubungsverfahren* gewonnen. Das Schema einer derartigen Anlage zeigt Abbildung 10. Der

Ansatz wird in einem Mischkessel so weit vorbereitet, daß er in die Verstäubungsanlage gedrückt werden kann. Mit Hilfe von Druckluft wird das dickflüssige Produkt durch eine Verstäubungsdüse gedrückt, die sich in einem sogenannten Sprühturm befindet. Von der Art und der Anordnung der Düse im Sprühturm hängt die Leistungsfähigkeit

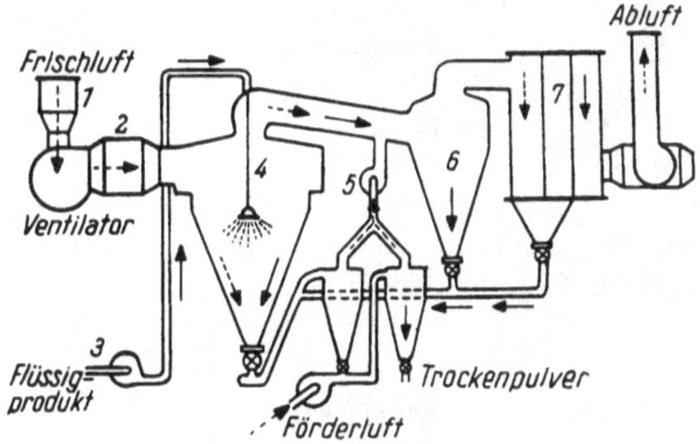

Abb. 10 Schema einer Zerstäubungsanlage (System Swenson) zur Herstellung von pulverisierten oder körnigen Waschmitteln
1 – Luftfilter; *2* – Lufterhitzer; *3* – Hochdruckpumpe; *4* – Trockenturm; *5* – Gebläse zum Luftansaugen; *6* – Zyklon-Staubabscheider; *7* – Schlauchfilter; ······ = Luftstrom; —— = Paste oder Pulver

der gesamten Anlage weitgehend ab. Das im Sprühturm zu Boden fallende Pulver wird durch geeignete Vorrichtungen entfernt und gelangt zur Abfüllung. Einige Füllstoffe lassen sich dem Pulver erst nach der Verstäubung zumischen, um Zusammenballungen zu vermeiden. Derartige Stoffe sind *Natriumsulfat*, einige *Bleichmittel* und *Phosphate*. Der Feuchtigkeitsgehalt der Luft im Sprühturm wird durch Ventilatoren abgeführt. Um Verluste durch mitgerissenes Waschpulver zu vermeiden, ist zwischen Sprühturm und Ventilator ein Luftfilter eingebaut. Je nach Konstruktion der Anlage lassen sich staubförmige, stark voluminöse oder gekörnte Seifenpulver oder auch Pasten herstellen.

Bei der Herstellung der Ansätze für die Seifenpulver muß mit besonderer Sorgfalt vorgegangen werden. Neben der genauen mengenmäßigen Zusammensetzung muß die richtige Reihenfolge bei der Zugabe der einzelnen Komponenten beachtet werden, um eine gute Versprühung zu gewährleisten.

Ein Seifenpulver kann z. B. folgende Zusammensetzung haben:

80% Seife,
14% calcinierte Soda,
5% Wasserglas,
1% Wasser.

Ein *Bleichpulver* enthält außerdem noch *Natriumperborat* (ca. 10%) und eventuell etwas *Borax* (1 bis 2%) oder auch *optische Aufheller* (bis 3%).

2.12 Salze der sauren Schwefelsäureester

Allgemeines

Sehr häufig werden die *sauren Schwefelsäureester*, kurz *Sulfate* genannt, mit den *Sulfonaten* verwechselt. Ist in der Verbindung die esterartig gebundene -O-SO_3H-Gruppe vorhanden, so liegen *Sulfate* vor, die aus *Alkoholen* oder *Olefinen* durch *Sulfierung* gewonnen werden können. Der Schwefel ist über das Sauerstoffatom an den Kohlenstoff gebunden. Bei den *Sulfonaten* hingegen ist eine direkte *Schwefel-Kohlenstoff-Bindung* (-C-SO_3H) vorhanden. Unter bestimmten Bedingungen lassen sich die Sulfate auch in Sulfonate umwandeln; allerdings wird in der Technik diese Methode kaum angewendet.

Zu den wichtigsten Sulfaten gehören die *primären* (vorwiegend *Fettalkoholsulfate*) und die *sekundären* (vorwiegend *Olefinsulfate*) *Alkylsulfate* sowie die *sulfatierten Fettsäuren* und deren *Derivate*. Als Waschrohstoffe werden sulfatierte Fettsäuren allerdings nicht verwendet.

2.121 *Alkylsulfate*

Die *primären* Alkylsulfate spielen als *waschaktive Substanzen* und als *Textilhilfsmittel* in fast allen Kulturstaaten eine bedeutende Rolle. Sie werden fast ausschließlich durch Sulfierung höherer Fettalkohole gewonnen.

.Schon DUMAS und PELIGOT stellten 1836 durch Behandlung des Cetylalkohols, $C_{16}H_{33}OH$, mit Schwefelsäure den sauren *Cetylschwefelsäureester* her [12]. Auch anderen Chemikern des 19. Jahrhunderts gelang die Darstellung verschiedener Alkylschwefelsäureester aus den entsprechenden natürlichen *Fett-* oder *Wachsalkoholen*. Nur ganz selten findet man Hinweise auf einen technischen Verwendungszweck. Erst in den Jahren 1926 bis 1928 kamen brauchbare Anwendungs- und Verarbeitungsvorschläge aus der Oranienburger Chemischen Fabrik, den Deutschen Hydrierwerken und der Böhme Fettchemie AG. Man hatte festgestellt, daß die *höhermolekularen Fettalkohole* sich im technischen Maßstab einwandfrei sulfieren lassen und die Alkalisalze der *sauren Schwefelsäureester* vorzügliche *Reinigungsmittel* sind. Seit dieser Entdeckung nahm die Entwicklung der synthetischen waschaktiven Substanzen sowie der Netz-, Emulgier- und Dispergiermittel einen rapiden Aufschwung.

Gute Ausbeuten lassen sich bei der Umsetzung der Fettalkohole erzielen, wenn man sie mit *konzentrierter Schwefelsäure* oder *Chlorsulfonsäure* behandelt. Für die Überführung des *Palmitylalkohols* in den Schwefelsäureester gelten folgende Formeln:

a) $C_{15}H_{31}CH_2OH + OH \cdot SO_3H \rightarrow C_{15}H_{31}CH_2 \cdot O \cdot SO_3H + H_2O$

b) $C_{15}H_{31}CH_2OH + Cl \cdot SO_3H \rightarrow C_{15}H_{31}CH_2 \cdot O \cdot SO_3H + HCl$

Da bei Verwendung von konzentrierter Schwefelsäure durch das sich bildende Wasser die Säure verdünnt wird, geht die Umsetzung nicht vollständig vor sich; es stellt sich nur ein Gleichgewicht ein. Soll eine weitgehende Veresterung erreicht werden, muß ein Überschuß an Schwefelsäure vorhanden sein. Bei der Umsetzung mit Chlorsulfonsäure tritt vollständige Veresterung ein, so daß man mit der errechneten Säuremenge auskommt.

Das Sulfierungsgemisch kann sofort neutralisiert werden, ohne den Überschuß von Schwefelsäure zu entfernen, oder man bringt die überschüssige Schwefelsäure durch Zugabe bestimmter Lösungsmittel, wie *Butanol* oder *Tetrachlorkohlenstoff*, zur Abscheidung und setzt dann erst die Lauge zu.

$$C_{15}H_{31}CH_2 \cdot O \cdot SO_3H + NaOH \rightarrow C_{15}H_{31}CH_2O \cdot SO_3Na + H_2O$$

Unter geeigneten Reaktionsbedingungen lassen sich die gesättigten Fettalkohole nahezu *quantitativ* ohne besondere Schwierigkeiten in die sauren Schwefelsäureester überführen. Einen anderen Verlauf nimmt dagegen die Veresterung der *ungesättigten Fettalkohole*, z. B. des *Oleylalkohols*, der durch Hydrierung der Ölsäure gewonnen wird. Bei der Behandlung mit 70 bis 100%iger Schwefelsäure tritt außer der Bildung des primären Sulfates an der endständigen Hydroxylgruppe eine teilweise Sulfierung der Doppelbindung ein. Der Reaktionsverlauf ist in diesem Falle etwas komplizierter und hängt stark von der Sulfierungsdauer und der Temperatur ab. Zur Herstellung reiner Monoschwefelsäureester der ungesättigten Alkohole muß mit Chlorsulfonsäure in Gegenwart bestimmter *sauerstoffhaltiger Lösungsmittel* oder mit *Schwefeltrioxyd*, *Chlorsulfonsäure* und *tertiären Basen* gearbeitet werden.

Wegen ihrer besonders guten Waschwirkung sind die Oleylsulfate sehr gefragte Produkte. Wie auch bei den *Oleaten* liegt die *optimale* Waschwirkung dieser Sulfate bei mittlerer (40 bis 60 °C) und höherer (60 bis 100 °C) Temperatur.

Für die Waschwirkung der Alkalisalze der primären Alkylsulfate ist, wie bei den Seifen, die Kettenlänge der Alkyle von ausschlaggebender Bedeutung. Es lassen sich leicht Vergleiche mit den entsprechenden fettsauren Salzen ziehen. Die Schwefelsäureester der niederen Glieder der homologen Reihen der aliphatischen Alkohole verhalten sich in oberflächenaktiver Hinsicht ähnlich wie die Alkalisalze der entsprechenden Fettsäuren. Eine gute Oberflächenaktivität zeigen erst die Ester der C_{10}—C_{16}-Alkohole. In der Kälte (+20 °C) weist das *Natriumsalz* des *Laurylsulfates* die beste Waschwirkung auf. Das *Natriumsalz* der *Laurinsäure* hat bei dieser Temperatur die gleiche Eigenschaft. In der Wärme läßt sich mit dem *Natriumpalmitylsulfat* ein Maximum an Waschwirkung erzielen, während die noch höheren Alkylsulfate (z. B. *Stearylsulfat*) geringer zu bewerten sind.

Da die Alkalisalze der Alkylsulfate mit den Calcium- und Magnesiumsalzen des harten Wassers keine unlöslichen Salze bilden, kommt es nicht zur Abscheidung derartiger Verbindungen. Trotzdem ist bei Verwendung von hartem Wasser ein nachteiliger Einfluß auf die Waschwirkung der Natriumalkylsulfate bemerkbar. Eine hohe Wasserhärte hat auf den Waschvorgang einen ähnlichen Einfluß wie eine Temperaturerniedrigung.

2.1211 Rohstoffe zur Herstellung der primären Alkylsulfate

Als Rohstoffe zur Herstellung der primären Alkylsulfate kommen fast nur die *primären Fettalkohole* in Frage. Einen Überblick über die wichtigsten physikalisch-chemischen Konstanten der Fettalkohole ab *Decylalkohol* bringt Tabelle 3.

Natürliche Fettalkohole

Ursprünglich standen nur die natürlichen Fettalkohole für die Alkylsulfatherstellung zur Verfügung. Da sie aus den echten Wachsen wie Walrat, Wollfett und Bienenwachs stammen, werden sie auch als Wachsalkohole bezeichnet. Besonders wichtig sind der *Cetylalkohol* (*Palmitylalkohol, Hexadecylalkohol*), $C_{16}H_{33}OH$, und der *Oleylalkohol*, $C_{18}H_{35}OH$, die in größeren Mengen aus dem *Walrat* des *Spermwales* gewonnen werden. Als Verunreinigungen sind in diesen Alkoholen stets kleinere Mengen *Myristylalkohol* (*Tetradecylalkohol*), $C_{14}H_{29}OH$, und *Stearylalkohol* (*Octadecylalkohol*),

Tab. 3 Übersicht über die wichtigsten Fettalkohole

Name	Formel	Molekulargewicht	Fp °C	Kp °C	Hydroxylzahl
Decanol	$C_{10}H_{21}OH$	158	+ 7	231_{760mm}	355
Undecanol	$C_{11}H_{23}OH$	172	14	131_{15mm}	326
Laurylalkohol (Dodecanol)	$C_{12}H_{25}OH$	186	24	$135-137_{10mm}$	301
Tridecanol	$C_{13}H_{27}OH$	200	30	155_{13mm}	280
Myristylalkohol (Tetradecanol)	$C_{14}H_{29}OH$	214	38	$159-161_{10mm}$	262
Pentadecanol	$C_{15}H_{31}OH$	228	44		246
Palmitylalkohol (Cetylalkohol, Hexadecanol)	$C_{16}H_{33}OH$	242	49	$178-182_{12mm}$	232
Heptadecanol	$C_{17}H_{35}OH$	256	54		219
Stearylalkohol (Octadecanol)	$C_{18}H_{37}OH$	270	58	202_{10mm}	208
Hexadecenol	$C_{16}H_{31}OH$	240			233
Oleylalkohol (Octadecenol)	$C_{18}H_{35}OH$	268	15—16	$177-183_{3mm}$	209

$C_{18}H_{37}OH$, enthalten. Die höheren Wachsalkohole wie der *Cerylalkohol*, $C_{25}H_{51}OH$, und dgl., lassen sich zwar in die entsprechenden Sulfate überführen, diese weisen jedoch keine guten Wascheigenschaften auf, weil ihre Wasserlöslichkeit stark abnimmt.

Fettalkohole aus der Fettsäure-Hydrierung

Um den steigenden Bedarf an Alkylsulfaten zu befriedigen, wurden verschiedene Verfahren entwickelt, die Fettalkohole aus anderen Rohstoffen herzustellen. An erster Stelle ist die Reduktion höherer Fettsäuren oder ihrer Ester zu nennen. Hierfür sind zwei Verfahren bekannt, die in mehr oder weniger großem Umfange in der Technik zur Herstellung der Fettalkohole angewendet werden. Die Reduktion läßt sich mit *metallischem Natrium* nach dem Verfahren von BOUVEAULT/BLANC [13, 13 a] durchführen; außerdem lassen sich die *Fettsäureester* durch *Hochdruckhydrierung* in die Fettalkohole umwandeln.

Reduktion nach BOUVEAULT/BLANC

Die *Fettsäureäthylester* werden mit metallischem Natrium in Gegenwart eines *aliphatischen niederen Alkohols* und in *Xylol* als Lösungsmittel reduziert. An Stelle der Äthylester lassen sich auch viele andere Ester mit Erfolg umsetzen. Auf diesem Wege kann man z. B. aus *Ölsäureäthylester* den ungesättigten *Oleylalkohol* erhalten.

Im Laufe der Zeit wurden verschiedene Varianten des Verfahrens entwickelt; es ist nicht nötig, auf diese weiter einzugehen. So wurde z. B. einige Zeit die Reduktion von *Glyceriden* mit *Natrium* großtechnisch betrieben.

Die Umsetzung verläuft schematisch folgendermaßen:

$$R\cdot COOR' + 2C_2H_5OH + 4Na \rightarrow R\cdot CH_2ONa + 2C_2H_5ONa + R'ONa$$

Ursprünglich war man der Ansicht, daß zur Reduktion 4 Mol Alkohol erforderlich sind. Heute wird nur noch mit 2 Mol Alkohol gerechnet.

Die Umsetzung läßt sich in folgender Weise ausführen: In siedendem *Xylol* wird das *metallische Natrium* geschmolzen und durch Rühren fein verteilt. Zu dem in der geschlossenen Rührapparatur befindlichen Xylol und Natrium wird das Gemisch von *Fettsäureester* und *Alkohol* möglichst schnell zugegeben. Die heftig einsetzende Reaktion klingt schnell ab. Für eine gute Kühlung muß unbedingt gesorgt werden. Zur vollständigen Umsetzung läßt man einige Zeit nachrühren. Durch vorsichtige Zugabe von Wasser werden die Alkoholate sowie überschüssiges Natrium zersetzt. Schwierigkeiten bereitet zuweilen die Abtrennung der Fettalkohole, da vor allem bei höheren Alkoholen eine starke Emulsionsbildung zu beobachten ist. Normalerweise scheidet sich der Fettalkohol an der Flüssigkeitsoberfläche ab. Es lassen sich Ausbeuten von 85 bis 90% der Theorie erreichen.

Trotz der hohen Anlagekosten geht man in zunehmendem Maße zur Hochdruckhydrierung der Fettsäureester über. Die Arbeitsweise ist *eleganter* und *vorteilhafter*.

Hochdruckhydrierung der Fettsäureester zu Fettalkoholen

ADKINS und FOLKER [14] berichteten 1931 als erste über die *Hochdruckhydrierung* von *Fettsäureestern* in Gegenwart von *Kupferchromit-Katalysatoren* bei einem Druck von 220 bis 250 $kp \cdot cm^{-2}$ und etwa 250 °C. Die Ausbeute an Fettalkohol betrug dabei 97 bis 98,5%. Arbeitet man bei höheren Temperaturen (ca. 350 °C), so führt die Hydrierung zu den entsprechenden Kohlenwasserstoffen. Das Verfahren wurde inzwischen so weit ausgearbeitet, daß man heute mit etwas abgeänderten Katalysatoren bereits bei einem Druck von etwa 100 $kp \cdot cm^{-2}$ gute Ergebnisse erzielt. Bei diesem Verfahren werden allerdings die ungesättigten Fettsäuren auch an der Doppelbindung hydriert, so daß ungesättigte Fettalkohole, die für die Herstellung von Waschmitteln Vorteile bieten, nicht erzeugt werden können. Nach einem neueren Verfahren, das mit *Zink/Vanadin* oder *Cadmium/Vanadin* als Katalysator arbeitet, soll es möglich sein, auch ungesättigte Fettalkohole aus den entsprechenden Fettsäuren zu gewinnen [15]. Nach MORENO und Mitarbeitern [15 a] soll ein Zusatz von *Cadmiumcarbonat* zu einem *Kupferchromit-Katalysator* ebenfalls eine Hydrierung der Doppelbindung verhindern.

Nach HUETER [16] läßt sich die Hydrierung, wie nachstehend beschrieben, kontinuierlich durchführen: Die Fettsäureester (auch *Glyceride*) werden aus einem mit Dampf beheizten Lagerbehälter in einen mit Rührwerk versehenen Anmaischbehälter gepumpt. Nach Zugabe einer bestimmten Katalysatormenge wird die Mischung *kontinuierlich* in den Hydrierautoklaven gedrückt. Die in einem Wärmeaustauscher vortemperierten Fettsäureester treten von oben in den senkrecht stehenden Rührautoklaven ein. Am unteren Autoklaventeil tritt der Fettalkohol aus und wird einem noch unter Druck stehenden Sammelbehälter zugeführt. Nach der Entspannung wird in einer Zentrifuge der Katalysator entfernt. Der Wasserstoff wird im Gegenstrom von unten eingeleitet. Durch Wärmeaustauscher wurde er bereits auf Reaktionstemperatur vorgewärmt. Um stets einen Überschuß an Wasserstoff im Autoklaven zu haben, wird er im Kreislauf bewegt, dabei passiert er noch eine H_2-Zusatzheizung. Durch entsprechende Regulierung des Zu- und Ablaufes läßt sich erreichen, daß nahezu der gesamte Fettsäureester hydriert wird. Geringe nicht hydrierte Mengen werden durch Behandlung mit wäßriger Lauge entfernt, und das Alkoholgemisch wird anschließend im Vakuum fraktioniert destilliert. Ein Fließschema der Anlage zeigt Abbildung 11.

In manchen Anlagen ist der Katalysator *stationär* im Autoklaven angeordnet. Nach diesem Verfahren werden vorwiegend auch aus den Fettsäureestern der Paraffinoxydation Fettalkohole verschiedenen Molekulargewichtes für die Waschmittelindustrie produziert.

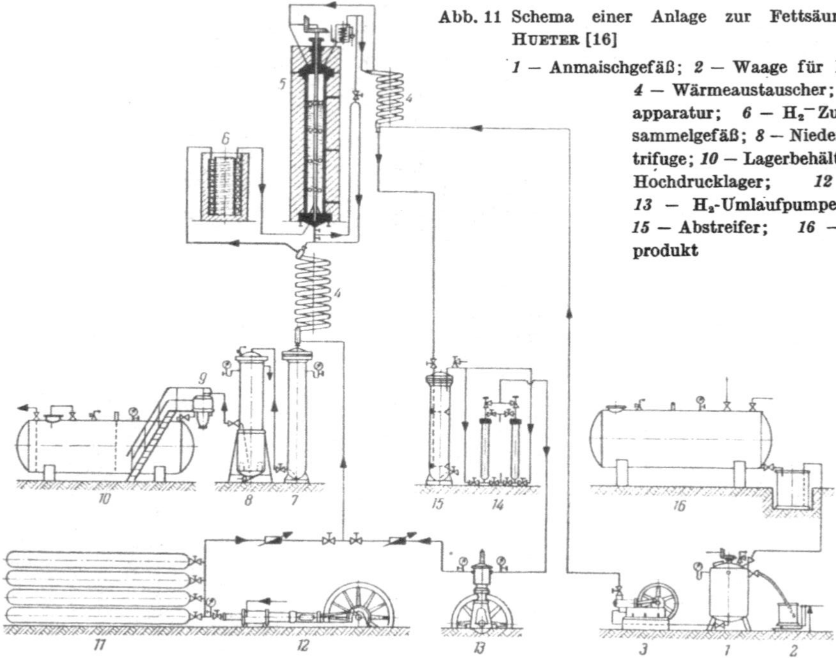

Abb. 11 Schema einer Anlage zur Fettsäure-Hochdruckhydrierung nach HUETER [16]

1 – Anmaischgefäß; *2* – Waage für Katalysator; *3* – Preßpumpe; *4* – Wärmeaustauscher; *5* – Hochdruckhydrierungsapparatur; *6* – H_2-Zusatzheizung; *7* – Hochdrucksammelgefäß; *8* – Niederdrucksammelgefäß; *9* – Zentrifuge; *10* – Lagerbehälter für Fertigprodukt; *11* – H_2-Hochdrucklager; *12* – H_2-Hochdruckkompressor; *13* – H_2-Umlaufpumpe; *14* – H_2-Gasreinigung; *15* – Abstreifer; *16* – Lagerbehälter für Ausgangsprodukt

Durch NORMANN [17] wurden die chemischen Vorgänge bei der Fettsäurehydrierung weitgehend aufgeklärt. Die Umsetzung geht nicht nach der einfachen Reaktionsgleichung,

$$R\cdot COOR' + 2H_2 \rightarrow R\cdot CH_2OH + R'OH,$$

vor sich, vielmehr bildet sich durch Anlagerung von Wasserstoff aus dem Fettsäureester erst ein Halbacetal nach:

$$R\cdot COOR' + H_2 \rightarrow R\cdot CH(OH)OR'$$

Mit weiterem Wasserstoff bildet sich nach Austritt von Wasser ein Äther:

$$R\cdot CH(OH)OR' + H_2 \rightarrow R\cdot CH_2OR' + H_2O$$
$$R\cdot CH_2OR' + H_2 \rightarrow R\cdot CH_2OH + HR'$$

Außerdem besteht die Möglichkeit, daß aus dem Halbacetal kein Wasser abgespalten wird und *zwei Alkohole* entstehen:

$$R\cdot CH(OH)OR' + H_2 \rightarrow R\cdot CH_2OH + R'\cdot OH$$

Weiterhin kann sich aus dem *Fettsäureester eine Fettsäure* und ein *Kohlenwasserstoff* bilden: Die Fettsäure wird zum Alkohol reduziert:

$$R\cdot COOR' + N_2 \rightarrow R\cdot COOH + R'H$$
$$R\cdot COOH + H_2 \rightarrow R\cdot CN_2OH + H_2O$$

Einige Alkohole, die aus Fettsäureestern (hauptsächlich den *Glyceriden*) durch Hydrierung gewonnen werden, sind unter ihren Handelsnamen bekannt. *Lorol* ist der aus dem Kokosfett gewonnene Fettalkohol und hat etwa nachstehende Zusammensetzung:

15% Octyl- und Decylalkohol (C_8; C_{10}),
40% Laurylalkohol (C_{12}),
30% Myristylalkohol (C_{14}),
15% Cetyl- und Stearylalkohol (C_{16}; C_{18}).

Stenol besteht vorwiegend aus *Cetyl-* und wenig *Oleylalkohol. Azenol* ist zum überwiegenden Teil *Oleylalkohol* mit geringen Verunreinigungen.

Fettalkohole sind in Wasser unlöslich. Die niederen Glieder sind bei Raumtemperatur flüssig, vom *Laurylalkohol* an sind sie fest.

Synthetische Alkohole

Synol-Synthese

Durch Abwandlung der Fischer-Tropsch-Synthese, die aus *Kohlemonoxyd* und *Wasserstoff* über *Kobalt-* oder *Eisenkatalysatoren* Kohlenwasserstoffe unterschiedlichster Kettenlänge liefert, lassen sich mit bestimmten Katalysatoren sowie veränderten Druck- und Temperaturverhältnissen sauerstoffhaltige Produkte gewinnen, die aus niederen und höheren Alkoholen bestehen. In den Jahren 1940 bis 1945 stellten die Ammoniakwerke Merseburg aus Kohlenmonoxyd und Wasserstoff bei einem Druck von 18 bis 25 kp·cm² und Temperaturen von 175 bis 190 °C über einen Eisenkatalysator Produkte her, die zu etwa 55% aus Alkoholen der Kettenlänge C_2—C_{20} bestanden [18]. Das Verfahren wurde unter dem Namen *Synol*-Synthese bekannt.

In einem Kontaktröhrenofen, wie er bei der Fischer-Tropsch-Mitteldruck-Synthese verwendet wird, kann die Umsetzung durchgeführt werden. Das Synthesegas wird unter laufendem Zusatz von Frischgas im Kreislauf geführt. Das anfallende Flüssigprodukt besteht aus dem Reaktionswasser, das gelöste niedere Alkohole enthält, und dem eigentlichen *Alkohol-Kohlenwasserstoff*-Gemisch.

Da die Siedelage der *Alkohole* und der *Kohlenwasserstoffe* annähernd gleich ist, kann eine Trennung auf destillativem Wege nur schwer erfolgen. Durch Bildung *höhersiedender Ester* (mit *Borsäure* oder *Phthalsäure* z. B.) oder durch *selektive Extraktion* mit geeigneten Lösungsmitteln lassen sich die Alkohole aus dem Gemisch abtrennen.

In manchen Fällen kann man durch Sulfierung der Alkohole und eventuell vorhandener Olefine gleich ein Gemisch aus primären und sekundären Alkylsulfaten erhalten.

Roelen-Alkohole

Bei der Einwirkung von *Kohlenmonoxyd* und *Wasserstoff* auf *Olefine* in Gegenwart von *Kobaltkatalysatoren* (*Kobaltcarbonyl*, *metallisches Kobalt*) und unter bestimmten Temperatur- und Druckbedingungen bilden sich *Aldehyde*, die durch katalytische Hydrierung in *primäre Alkohole* umgewandelt werden können. Nach ihrem Entdecker führt die Reaktion den Namen Roelen-Reaktion [19] oder auch *Oxosynthese*. Formelmäßig geht folgende Umsetzung vor sich:

a) $2R\cdot CH{=}CH_2 + 2CO + 2H_2 \rightarrow \begin{cases} R\cdot CH_2CH_2CHO \\ R\cdot \underset{\displaystyle CHO}{CH}\cdot CH_3 \end{cases}$

Die Aldehydgruppe kann bei einem endständigen Olefin in 1- oder 2-Stellung treten.

b) $R\cdot CH_2CH_2CHO + H_2 \rightarrow R\cdot CH_2CH_2CH_2OH$ oder

c) $R\cdot \underset{\displaystyle CHO}{CH}\cdot CH_3 + H_2 \rightarrow R\cdot \underset{\displaystyle CH_2OH}{CH}\cdot CH_3$

Die eigentliche Anlagerung von CO und H_2 im Verhältnis 1:1 (*Hydroformylierung*) erfolgt in Gegenwart von Co-*Carbonylen* bei 130 bis 150 °C und 150 bis 200 kp·cm^{-2}, wobei gegebenenfalls das Verhältnis von CO:H_2 zugunsten des CO verschoben sein muß, damit sich die notwendige Co-*Carbonylmenge* bilden kann.

Besonders bei H_2-Überschuß läuft die Reduktion der Aldehyde schon anteilig an; es ist zweckmäßig, sie möglichst ganz in eine zweite Prozeßstufe zu verlegen, in der bei Temperaturen von 190 bis 200 °C und 200 kp·cm^{-2} H_2-Druck an *Kobalt-Kieselgur-Trägerkontakten* hydriert wird. Hierbei werden auch Polymere der Aldehyde, die sich bei der *Hydroformylierung* bilden können, depolymerisiert und in monomere Alkohole zurückverwandelt.

Das Verfahren läßt sich *diskontinuierlich* und *kontinuierlich* ausführen. Für den *diskontinuierlichen* Betrieb benutzt man Rühr- oder Schüttelautoklaven aus Edelstahl.

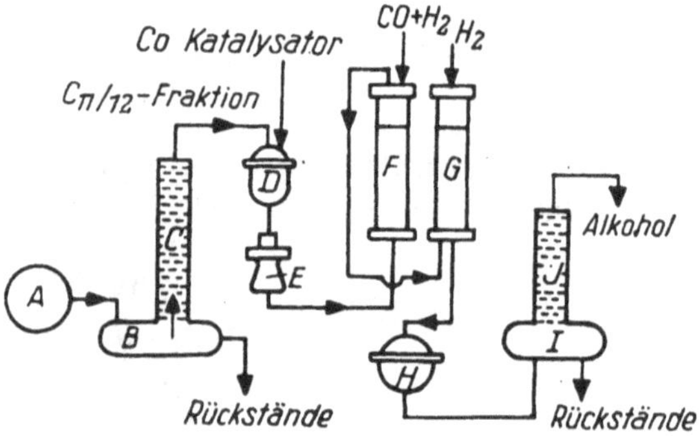

Abb. 12 Fließschema der Oxosynthese zur kontinuierlichen Fettalkoholerzeugung nach HOLM [19a]
A – Olefintank; *B* – Destillationsblase; *C* – Kolonne; *D* – Anmaischgefäß; *E* – Katalysatormühle; *F* – Reaktor 1; *G* – Reaktor 2; *H* – Druckfilter; *I* – Destillationsblase *J* – Kolonne

Bei der kontinuierlichen Fahrweise werden zwei Wege unterschieden: 1. das Verfahren, bei dem man mit einem *stationär* angeordneten Katalysator (*metallisches Kobalt* auf Bimsstein niedergeschlagen) arbeitet, 2. das sogenannte Maischverfahren, bei dem das *Olefin* mit dem *Katalysator* angemaischt durch die Apparatur wandert.

Abbildung 12 zeigt das Schema einer kontinuierlichen Anlage zur *Alkoholerzeugung* nach dem *Oxoverfahren* (HOLM [19 a]): Das Olefin wird aus dem Vorratsbehälter A in die Destillationsblase B gepumpt, die gewünschte Fraktion (meist C_{11}—C_{12}) wird abgenommen und in das Anmaischgefäß D gedrückt. Hier erfolgt die Mischung mit dem Katalysator; dessen Dispergierung erfolgt in der Mühle E. Im Reaktor 1 (F) findet unter den bereits erwähnten Bedingungen die *Hydroformylierung* statt. Die Aldehyde werden im Reaktor 2 (G) durch Hydrierung in die Alkohole überführt. Im Druckfilter H wird der Katalysator aus dem Alkoholgemisch entfernt, und im Anschluß daran geht das Rohprodukt zur Destillation.

Da sich die Olefine ähnlich wie die Fettalkohole sulfieren lassen und bei der Oxosynthese nur eine Verlängerung der Kohlenstoffkette um ein C-Atom erreicht wird, bietet sie für die Herstellung von Alkylsulfaten keine besonderen Vorteile. Man verwendet also am besten gleich die Olefine statt der Alkohole.

Guerbet-Alkohole

Guerbet [20] fand bereits Ende des 19. Jahrhunderts, daß zwei Alkoholmoleküle in Gegenwart von *Natriumalkoholat* bei höheren Temperaturen kondensieren. Nach Feststellungen von Machemer [21] ist die Umsetzung kompliziert. Die Reaktion läuft nach einfacher Formulierung wie folgt ab:

$$C_2H_5ONa + 2C_2H_5OH \rightarrow C_4H_8OH + CH_3COONa + 2H_2$$

In Wirklichkeit verläuft die Reaktion nicht so einfach. Aus *primären niedermolekularen* Alkoholen lassen sich nach dieser Methode verzweigte *primäre dimere* oder auch *trimere* Alkohole gewinnen, die für die Herstellung von Wasch- und Netzmitteln wichtig sind. Die Wacker Chemie GmbH stellt z. B. großtechnisch einen C_8- und einen C_{12}-Alkohol her, die als Ausgangsstoffe für die Synthese von Netzmitteln verwendet werden.

Sekundäre Fettalkohole lassen sich nach folgendem Verfahren, z. B. aus den *niederen* Fettsäuren der *Paraffinoxydation*, darstellen: Die Fettsäuren werden bei höheren Temperaturen über einen *Thoriumoxyd-Tonerde-Katalysator* geleitet und dabei ketonisiert. Die Ketone können durch Hydrierung in die sekundären Alkohole umgewandelt werden. Nach der Sulfierung und Neutralisation ergeben auch derartige Alkohole wertvolle Waschrohstoffe. Die Umsetzung entspricht folgenden Schritten:

a) Ketonisierung:

$$\begin{array}{l} C_7H_{15}COOH \\ C_7H_{15}COOH \end{array} \rightarrow CO_2 + H_2O + \begin{array}{l} C_7H_{15} \\ C_7H_{15} \end{array}\!\!\!> CO$$

b) Reduktion:

$$\begin{array}{l} C_7H_{15} \\ C_7H_{15} \end{array}\!\!\!> CO \xrightarrow{+H_2} \begin{array}{l} C_7H_{15} \\ C_7H_{15} \end{array}\!\!\!> CH \cdot OH$$

c) Sulfierung und Neutralisation:

$$\begin{array}{l} C_7H_{15} \\ C_7H_{15} \end{array}\!\!\!> CH \cdot OH + H_2SO_4 \rightarrow$$

$$\rightarrow \begin{array}{l} C_7H_{15} \\ C_7H_{15} \end{array}\!\!\!> CH \cdot O \cdot SO_3H + NaOH \rightarrow \begin{array}{l} C_7H_{15} \\ C_7H_{15} \end{array}\!\!\!> CH \cdot O \cdot SO_3Na$$

2.1212 Herstellung der primären Alkylsulfate

In der Literatur findet sich eine Vielzahl von Angaben über *Sulfierungsmittel* und *-apparaturen*, die in der Technik mit unterschiedlichen Erfolgen eingesetzt worden sind. Nur ein geringer Teil davon wurde bei der Großfabrikation eingesetzt. So werden z. B. an Sulfierungsmitteln genannt: *konzentrierte Schwefelsäure*, *Oleum*, *Chlorsulfonsäure*, *Sulfurylchlorid*, *Äthylschwefelsäure*.

Rein theoretisch dürfte die Sulfierung mit der Bildung des *Monoalkylschwefelsäureesters* nicht beendet sein, sondern müßte zur *Dialkylschwefelsäure* führen. Es zeigte sich aber, daß mit zunehmendem Molekulargewicht der Alkyle die Bildung der *Dialkylsulfate* laufend schwieriger wird und bei der Sulfierung höhermolekularer Alkohole *fast ausschließlich Monoalkylschwefelsäuren* entstehen.

Technische Verfahren

Grundsätzlich unterscheidet man den Chargenbetrieb (*diskontinuierliche* Fahrweise) und die *kontinuierlichen* Verfahren. Je nach Größe des Betriebes wird die eine oder die andere Verfahrensweise angewendet.

Sulfierung in Chargen

In Behältern unterschiedlicher Größe (bis zu 5000 Liter Fassungsvermögen), die mit einem gut verteilenden Rührwerk, einer sehr intensiv wirkenden Kühlvorrichtung und einem Ablaßventil zur Entleerung des Reaktionsgemisches in das Neutralisationsgefäß versehen sind, wird die Sulfierung bei niedrigen Temperaturen ausgeführt. Wegen der stark korrodierenden Wirkung der Schwefelsäure (und auch der übrigen Sulfierungsmittel) müssen die Gefäße aus einem sehr widerstandsfähigen Material bestehen oder zumindest damit ausgekleidet sein (z. B. *homogene Verbleiung*). Abbildung 13 zeigt das Schema einer vollständigen Anlage zur diskontinuierlichen Sulfierung. Dazu gehören neben dem eigentlichen *Sulfierungskessel* ein gleich großer oder sogar etwas größerer *Neutralisator* und die verschiedenen *Vorratstanks* für *Fettalkohol* und *Säure* sowie für Lauge und vielfach noch für *Bleichlauge*. Außerdem werden einige Meßgeräte für Mengen und Temperaturen, eine Abfüllvorrichtung und eventuell eine Verstäubungsanlage benötigt.

Die Sulfierung erfolgt im allgemeinen so, daß der zu sulfierende Grundstoff in das Sulfiergefäß gebracht wird und unter guter Kühlung die Säure zufließt. In manchen Fällen wird allerdings umgekehrt verfahren, man legt die Säure vor und läßt den Alkohol zufließen. Die Zugabe der Säure bzw. des Alkohols soll so schnell erfolgen, daß die Reaktionstemperatur konstant gehalten werden kann. Zur Abführung der großen Reaktionswärme muß intensiv gekühlt werden. Von der Wirksamkeit der Kühlvorrichtung hängt die Reaktionszeit und damit die Leistungsfähigkeit der Anlage ab. Zur Vervollständigung der Reaktion schließt sich fast in jedem Falle nach beendeter Säurezugabe eine Nachreaktion ein.

Das Reaktionsgemisch wird zur Neutralisation in den dafür vorgesehenen Behälter abgelassen. Meist wird die Lauge vorgelegt. Man läßt das Sulfierungsgemisch unter Rühren langsam zufließen. Auch hier muß die auftretende Neutralisationswärme durch eine gute Kühlvorrichtung

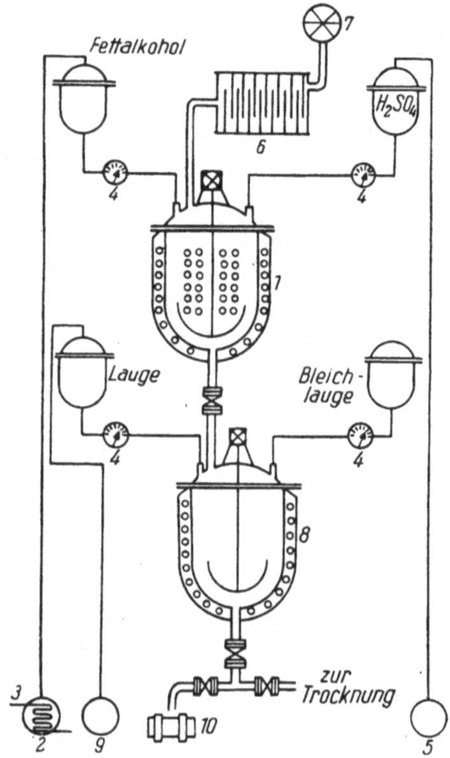

Abb. 13 Alkylsulfatgewinnung in Chargen nach STÜPEL [23a]
1 – Sulfonator; *2* – Fettalkohollagertank; *3* – Heizung; *4* – Meßgeräte; *5* – H_2SO_4-Lagertank; *6* – Absorber; *7* – Ventilator; *8* – Neutralisator; *9* – Lagertank für Lauge; *10* – Pastenabfüllung

abgeführt werden. Um eine einwandfreie Durchmischung der sehr viskosen Masse zu erreichen, ist ein entsprechend stark gebautes Rührwerk erforderlich. Das Schema einer sogenannten Neutralisierungswanne zeigt Abbildung 14. Alkalilauge und Schwefelsäureester werden an der einen Seite der Wanne zugeführt. An der anderen Seite kann das

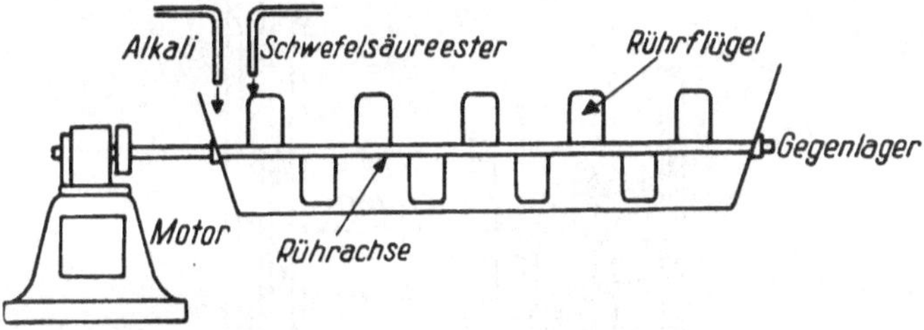

Abb. 14 Neutralisierwanne für Alkylsulfate nach STÜPEL [23]

neutralisierte Produkt entnommen werden. Ist eine anschließende Zerstäubung beabsichtigt, kommt die Masse nach der Neutralisation in einen Misch- oder Einstellkessel, wo Zusätze wie *calcinierte Soda*, *Phosphate*, *wasserlösliche Silicate*, *Persalze* zur *Bleichung* und eventuell auch *optische Aufheller* eingearbeitet werden. Die Zusammensetzung richtet sich nach der Qualität und dem Verwendungszweck der Produkte.

Kontinuierliche Sulfierung

Bei der *kontinuierlichen* Sulfierung kann die Größe der Reaktionsgefäße bedeutend kleiner gehalten werden, weil die reagierenden Substanzen nur eine verhältnismäßig kurze Zeit in den einzelnen Teilen der Anlage verweilen. Geeignete Vorrichtungen sorgen für eine intensive Sulfierung. Zur schnellen und vollständigen Veresterung wurden Apparaturen verschiedenster Konstruktion erprobt. Um eine möglichst kurze Reaktionszeit zu erreichen, ist man bestrebt, die Säure in sehr feiner Verteilung in den Alkohol eintreten zu lassen. Eine gute Verteilung der Säure kann durch einwandfrei durchmischende Rührvorrichtung, durch Verdüsung der Säure in den Alkohol oder durch Aufprallen der Säure und des Alkohols auf eine schnell rotierende Scheibe erfolgen. Kennzeichnend für alle kontinuierlichen Ver-

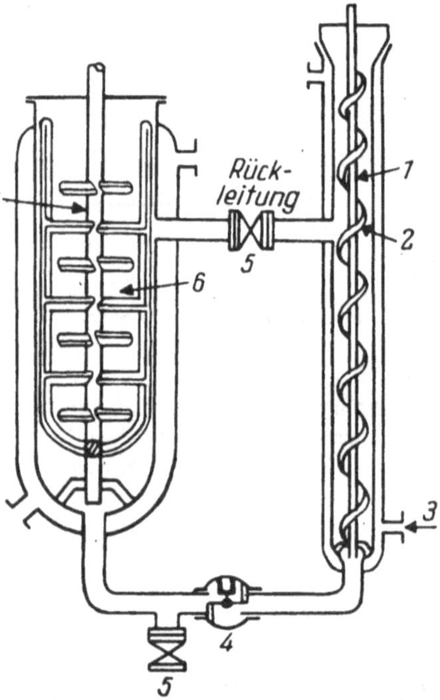

Abb. 15 Anlage zur kontinuierlichen Sulfierung von Fettalkoholen nach D. R. P. 577220
1 – Reaktionsrohr; *2* – Förderschnecke; *3* – Kühler; *4* – Rückschlagklappe; *5* – Ventil; *6* – Zwischenbehälter; *7* – Rührsystem

fahren ist, daß die beiden Reaktionspartner in sehr guter Verteilung miteinander in Berührung kommen, um eine schnelle, möglichst *vollständige* Umsetzung zu erzielen und damit die Verweilzeit im Reaktionsgefäß weitgehend abzukürzen. Da in fast allen Fällen nur 80% des eingesetzten

Fettalkohols verestert werden, ist eine Nachreaktion erforderlich. Im Nachreaktor, der in seinen Ausmaßen größer als der Hauptreaktor ist, bleibt das Reaktionsgemisch unter Rühren noch einige Zeit stehen. Das Schema einer derartigen

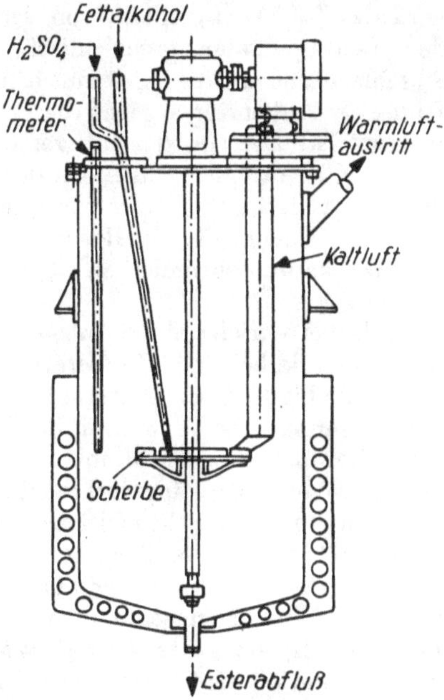

Abb. 16 Intensivsulfiergerät der Firma Henkel u. Cie [22]

kontinuierlichen Apparatur zeigt die Abbildung 15. Die Hauptreaktion findet in dem mit Förderschnecke versehenen Reaktionsrohr statt. Im Nachreaktor wird die Umsetzung vervollständigt. Durch Erhöhung der Temperatur im Nachreaktor wird der etwas träge gewordene Reaktionsablauf wieder beschleunigt. Eine kontinuierliche Neutralisation läßt sich in dem bereits erwähnten Neutralisiertrog durchführen.

Besonders hohen Durchsatz erreicht man mit sogenannten Intensiv-Sulfierern. Abbildung 16 zeigt als Beispiel eine

Apparatur, die von der Firma Henkel u. Cie [22] entwickelt wurde und die nach folgendem Prinzip arbeitet: Der Alkohol und die Säure werden gemeinsam auf eine mit etwa 2000 bis 6000 Touren/min rotierende Scheibe gebracht, auf der sich zwei konzentrische Ringe befinden. Durch die Fliehkraft wird das Reaktionsgemisch von der Scheibe horizontal in den Reaktionsraum geschleudert. Zur Verzögerung des Abschleuderns sind die Ringe mit Rinnen versehen, wobei die Rinne des Außenringes gegen die Rinne des inneren Ringes versetzt ist. Die von der rotierenden Scheibe abgeschleuderte Sulfierungsmasse fließt an der stark gekühlten Wandung der zylindrischen Kammer nach unten ab und sammelt sich am Boden des Reaktionsraumes. Das Reaktionsprodukt kann kontinuierlich abgezogen und neutralisiert werden.

Im Dauerbetrieb soll die Anlage stündlich 300 kg Alkohol umsetzen und bei einer Temperatur von 70 °C im Gefäß und bei nur 35 bis 45 °C an der gekühlten Wandung des Sammelgefäßes fahren. Die Verweilzeit der Produkte im Reaktionsgefäß beträgt etwa 30 Minuten. Nachteilig an dem Verfahren ist der hohe Säureverbrauch. Auf 100 Teile Alkohol kommen 90 Teile Schwefelsäure. Bei anderen Verfahren reichen 50 bis 70 Teile Säure zur Sulfierung aus.

Die Reaktionsbedingungen ändern sich mit dem Alkohol oder dem Alkoholgemisch. Zur Veresterung eines gesättigten Fettalkohols, etwa des *Laurylalkohols*, werden 100 Teile Alkohol und 50 bis 75 Teile 98 bis 100%ige Schwefelsäure eingesetzt und bei Temperaturen von ungefähr 30 °C gearbeitet. Alkohle mit höherem Molekulargewicht benötigen höhere Umsetzungstemperaturen, z. B. beträgt die für *Stearylalkohol* 50 °C. Bei der Chargen-Sulfierung beträgt die Reaktionsdauer nach der Verteilung der beiden Komponenten ineinander im Durchschnitt 1 bis 2 Stunden. Das Ende der Reaktion ist erreicht, wenn eine Probe des Reaktionsgemisches sich klar in destilliertem Wasser löst. Tritt eine Trübung ein, so ist noch *Fettalkohol* vorhanden.

Nach den Reports on German and Japanese Industry wird z. B. Gardinol WA, ein primäres Alkylsulfat, wie folgt hergestellt: 300 kg technischer *Laurylalkohol* werden bei 30° mit 170 kg *Chlorsulfonsäure* umgesetzt. Die Reaktionsmasse wird in 200 kg Eis und 100 kg Wasser gegeben und mit Natronlauge bis zur schwach alkalischen Reaktion neutralisiert. Durch Sprühtrocknung kann ein festes Produkt mit ca. 60% waschaktiver Substanz erhalten werden. Als Nebenprodukt fällt Chlorwasserstoff an.

Das *Gardinol CA*, das als oberflächenaktive Substanz *Oleylsulfat* enthält, läßt sich aus dem *Oleylalkohol* in ähnlicher Weise mit *Schwefelsäure* darstellen. Bei diesem Verfahren tritt eine teilweise Sulfierung der Doppelbindung ein.

Oleylalkohol kann auch folgendermaßen verestert werden: 600 kg des Alkohols werden in 120 kg Chloroform gelöst und in einem emaillierten Reaktionskessel bei 25 bis 30 °C mit 290 kg Chlorsulfonsäure umgesetzt. Das Reaktionsgemisch läßt man in eine Lösung fließen, die eine 50%ige Natronlauge (270 kg), 50 kg *Dinatriumphosphat* und 600 kg Wasser enthält. Das flüssige Produkt wird mit *Hypochloritlösung* gebleicht, auf die erforderliche Konzentration eingestellt und versprüht.

2.1213 Sekundäre Alkylsulfate

Sekundäre Alkylsulfate sind Isomere der primären Sulfate. Sie lassen sich entweder aus *sekundären Alkoholen*, die vorwiegend aus niederen Fettsäuren durch Ketonisierung und Hydrierung (s. S. 84) gewonnen werden, oder in größerem Umfange aus *höhermolekularen Olefinfraktionen* herstellen. Derartige Olefine fallen in genügender Menge bei der Kohlenwasserstoff-Crackung von Erdöl oder von makromolekularen Fischer-Tropsch-Paraffinen an. Auch olefinreiche Kogasinfraktionen der Fischer-Tropsch-Synthese (KÖLBEL-Verfahren [24]) eignen sich dafür.

Allgemein gültig ist nachstehende Formel für die sekundären Alkylsulfate:

$$\begin{array}{c} R'\cdot CH\cdot R'' \\ | \\ O\cdot SO_3Me \end{array}$$

Besonders in Europa sind die aus sekundären Alkylsulfaten produzierten Waschmittel (*Teepol*) zu einer starken Konkurrenz der Seife geworden. Sie werden in großer Menge für industrielle und Haushaltwäsche verbraucht. Die erste Großanlage zur Herstellung der sogenannten *Olefinsulfate* wurde in England 1942 in Betrieb genommen. Das dort hergestellte Produkt — ein *sulfiertes Crackolefin* — hat sich unter dem Handelsnamen *Teepol* als hochwertiges Waschmittel eingebürgert. Zur Deckung des großen Bedarfes wurden in Holland (bei Rotterdam) und in Frankreich (bei Rouen) weitere Großanlagen in Betrieb genommen.

Ursprünglich bereitete die *Sulfierung* der *höhermolekularen Olefine* einige Schwierigkeiten, weil neben der Bildung des Monoalkylsulfates eine größere Menge *Dialkylsulfat* entstand und ein weiterer Teil der Olefine *polymerisiert* wurde. Heute können unter bestimmten Reaktionsbedingungen Olefine verschiedenster Herkunft ohne größere Schwierigkeiten in die entsprechenden Alkylsulfate überführt werden. Da in den seltensten Fällen reines Olefin zur Verfügung steht und zumeist nur 65 bis 70%ige Gemische vorliegen, ist es erforderlich, die paraffinischen, naphthenischen und aromatischen Verbindungen, welche nicht sulfiert werden, nach der Umsetzung zu entfernen. Für die Sulfierung kommen Fraktionen zum Einsatz, die etwa dem C_8—C_{18}-Bereich entsprechen und eine mittlere Molmasse bis zu 220 haben. Durch Behandlung der Fraktionen mit 96%iger Schwefelsäure bei *niederen Temperaturen* (zwischen —20 und +10 °C) und *kurzer Einwirkungszeit* entstehen *Mono-* und *Dialkylsulfate* (ca 20%). Bei der Neutralisation mit Alkali tritt *Verseifung* der *Dialkylsulfate* ein, und es entstehen Monoalkylsulfate und Alkohol:

$$R \cdot O \cdot SO_2 \cdot O \cdot R + NaOH \rightarrow R \cdot O \cdot SO_2ONa + R \cdot OH$$

Während der Sulfierung der vorwiegend endständigen Doppelbindungen tritt teilweise eine Verschiebung der Doppelbindungen zur Mitte der Kohlenwasserstoffkette hin ein, so daß neben dem *Alkyl-2-sulfat* sich größere Mengen der *3-*, *4-* und *anderer Sulfate* bilden. Die Stellung der Sulfogruppe in der C-Kette beeinflußt die Waschwirkung. Das Waschvermögen der Verbindungen mit *endständigen Sulfogruppen* (*primäre Alkylsulfate*) ist besser als das der *mittelständigen* Verbindungen.

Die Sulfierung der Olefine erfolgte bei der BASF in Ludwigshafen [25] nach einem kontinuierlichen Verfahren. Abbildung 16a zeigt das Fließschema der Anlage und

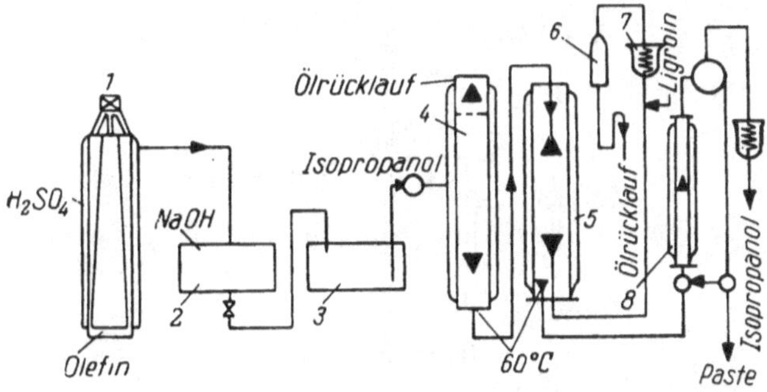

Abb. 16a Fließschema einer Anlage zur Herstellung sekundärer Alkylsulfate [25]
1 – Sulfonator; *2* – Neutralisator; *3* – Vorwärmer; *4* – Separator; *5* – Extraktionsturm; *6* – Destillierblase; *7* – Kondensator; *8* – Erhitzer

Abbildung 16b das eigentliche Reaktionsgefäß, die sogenannte *Sulfiermaschine*. Das Reaktionsgefäß (1) besteht aus einem Behälter, in welchem sich ein Zylinder mit etwa 120 Umdrehungen pro Minute dreht. Das Gefäß wird außen und der Zylinder innen mit *Methylchlorid* (Kp. −24 °C) gekühlt. In einem Rückflußkondensator wird das während der Reaktion verdampfende *Methylchlorid* wieder verflüssigt. Am Boden des *Sulfieraggregates* wird *Schwefelsäure* und *Olefin* in den stark gekühlten schmalen Reaktionsraum gedrückt und verläßt nach einer Verweilzeit von weniger als 30 Sekunden den Reaktor als Alkylsulfat mit etwa 15% Schwefelsäure im Überschuß. Im Neutralisator (2) wird mit 18%iger Natronlauge die Schwefelsäure und das Monoalkylsulfat neutralisiert. Das Reaktionsgemisch wird weiter in das Gefäß (3) gedrückt, wo zur Zersetzung des Dialkylsulfates die alkalische Lösung 30 bis 60 Minuten gekocht wird. Hierbei fallen etwa 10% freie Fettalkohole an. Im Gefäß (4) werden durch Behandlung der Lösung mit 20% Äthanol bei 60 °C die alkoholischen und paraffinischen

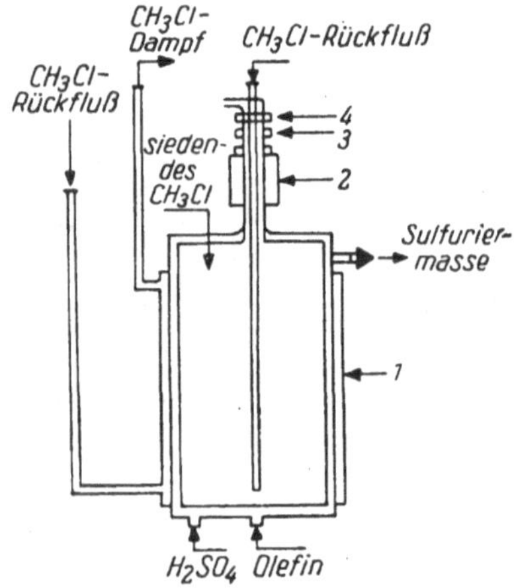

Abb. 16 b Reaktionsgefäß der in Abb. 16 a gezeigten Anlage
1 – Mantel mit siedendem CH_3Cl; *2* – Halter; *3* – Rührspindel (120 U/min); *4* – Packung

Teile abgetrennt. Mit Ligroin erfolgt dann im Extraktionsturm (5) eine weitere Reinigung der Lösung, um alle nicht sulfierten Teile zu entfernen. (6) und (7) sind Destillations- und Kondensationsanlagen für das Extraktionsmittel. Nach dem Passieren des Turmes (8), in dem die letzten Lösungsmittelreste durch nochmaliges Erwärmen abgetrieben werden, kann die Sulfatpaste zur Endaufbereitung gehen.

Die nach dieser Methode gewonnenen *sekundären Alkylsulfate* zeigen ein beachtliches Waschvermögen, ein annehmbares Schmutztragevermögen und eine zufriedenstellende Schaumkraft. Allerdings erreichen sie nicht die Wirkung der primären Alkylsulfate.

Nachteilig an den Olefinsulfaten ist ihre *Hygroskopizität* und ein spezifischer Geruch, der nicht immer als angenehm empfunden wird. Der starken *Hygroskopizität* wegen kommen sekundäre Alkylsulfate fast nur in wäßriger Lösung oder als Pasten in den Handel. Teepol wird als 20 bis 22%ige wäßrige Lösung und in einer anderen Qualität als 40%ige Lösung auf den Markt gebracht. In Verbindung mit *Seife* kommt es als *Teepol-Schmierseife* in beträchtlichen Mengen in den Handel.

2.122 *Sulfierte Fettsäuren und Fettsäurederivate*

Die von Runge (1834) und Mercer (1846) hergestellten *Ölsäuresulfate* waren die Vorläufer der *ersten Textilhilfsmittel*, die durch chemische Umsetzung gewonnen wurden. Bereits Anfang der zweiten Hälfte des 19. Jahrhunderts ist die Ölung der Stoffe vor dem Farbendruck mit *Sulfooleaten* oder *Sulforicinoleaten* verschiedentlich angewendet worden. Eine große Zahl von Patenten und Veröffentlichungen erschienen darüber in den Jahren bis 1930. Seit diesem Zeitpunkt ist hier ein gewisser Stillstand eingetreten, dessen Ursache wahrscheinlich das Aufkommen der *primären Alkylsulfate* („*Fettalkoholsulfonate*"), der *Fettsäurekondensationsprodukte* (*Igepon A und T*) sowie anderer synthetischer oberflächenaktiver Substanzen ist.

Durch Einwirkung von Schwefelsäure (konzentriert), Schwefeltrioxyd oder Chlorsulfonsäure auf Fette oder Fettsäuren, die im Molekül Hydroxylgruppen, Doppelbindungen oder auch beides enthalten, wird die Sulfogruppe, $-O \cdot SO_3H$, eingeführt:

$$\text{a)}\quad R\cdot CH{=}CH\cdot R'\cdot COOH + H_2SO_4 \rightarrow R\cdot CH_2\cdot \underset{\displaystyle O\cdot SO_3H}{CH}\cdot R'\cdot COOH$$

$$\text{b)}\quad R\cdot \underset{\displaystyle OH}{\dot{C}H}\cdot R'\cdot COOH + H_2SO_4 \rightarrow R\cdot \underset{\displaystyle O\cdot SO_3H}{\dot{C}H}\cdot R'\cdot COOH + H_2O$$

Für die Sulfierung eignen sich am besten Pflanzenfette, die *eine* oder *mehrere ungesättigte* oder *Oxy-Fettsäuren* im Molekül enthalten, z. B. *Olivenöl, Ricinusöl* u. a. Zum Unterschiede von den nicht sulfierten Ölen sind die sulfierten in Wasser löslich oder bilden damit leicht Emulsionen.

Bei Fetten tritt neben der eigentlichen Sulfierungsreaktion noch eine Reihe anderer Umsetzungen auf, wie die *Spaltung* des *Fettes* in *Glycerin* und Fettsäuren, die Bildung von *Fettsäureanhydriden* und von *Polymerisationsprodukten*. Um die Aufklärung der sehr komplizierten Vorgänge bei der Sulfierung der *Ricinolsäure* haben sich GRÜN [26] und Mitarbeiter verdient gemacht. Weitere Arbeiten über die Sulfierung der *Ölsäure* und deren *Glyceride* stammen von verschiedenen Autoren wie SAYTZEFF [27] und BENEDIKT/ULZER [28].

Weitaus kompliziertere Gemische fallen bei der Sulfierung mehrfach ungesättigter Fettsäuren, z. B. der *Linol-* und *Linolensäure*, an. Die Zusammensetzung ist dabei stark vom Grad der Sulfierung abhängig.

In der Technik kommen die mit *Natronlauge, Soda, Kalilauge, Ammoniak* oder *Triäthanolamin* neutralisierten Sulfate zur Anwendung. Das älteste und bekannteste derartige Produkt ist das *Türkischrotöl*.

2.1221 Türkischrotöle (Rotöle, Textilöle, Appreturöle)

Unter *Türkischrotöl* versteht man die Alkalisalze der nur schwach *sulfierten Ricinusöle*, die in wäßriger Lösung mit einem Ölgehalt von etwa 50%, das entspricht annähernd 35 bis 40% Fettsäure, in den Handel kommen. Ursprünglich wurde das *Türkischrotöl* durch Sulfierung des *Olivenöles* hergestellt.

Die *Rotöle* werden fast ausschließlich in der Textilindustrie verwendet, vorwiegend in der Färberei, zum Weichmachen, für Appreturen und für Schlichten. Neben Ricinusöl eignen sich auch andere Fette bzw. fette Öle oder ungesättigte Fettsäuren zur Sulfierung. Es lassen sich folgende Neutralöle verwenden: *Olivenöl, Baumwollsaatöl, Klauenöl, Rüböl, Leinöl, Fischöle, Spermöl* und eine Reihe ähnlicher Fette. An freien Fettsäuren werden benutzt: das *Olein,* die *Leinölfettsäuren* und die *Fischölfettsäuren.* Die Wahl der Rohstoffe für die sulfierten Öle richtet sich nach dem Verwendungszweck.

Zur technischen Herstellung der Türkischrotöle geht man ähnlich wie bei der Sulfierung der Fettalkohole vor. In einem mit Rührwerk und guter Kühlvorrichtung versehenen Sulfierungsgefäß wird das Öl vorgelegt, und man läßt die Schwefelsäure, welche meistens verwendet wird, zufließen. Will man ein normales Türkischrotöl herstellen, werden üblicherweise 20 bis 30% Schwefelsäure eingesetzt. Mit dieser Säuremenge läßt sich nur ein Viertel des vorhandenen Öles sulfieren. Während der Reaktion wird die Temperatur auf 25 bis 35 °C gehalten. Zu hohe Temperaturen wirken sich auf die Qualität der Produkte nachteilig aus. Die Zugabe der Schwefelsäure richtet sich nach der Wirksamkeit der Kühleinrichtung; von ihr hängt die Reaktionsdauer in starkem Maße ab. Je nach Größe des Ansatzes und der Wirksamkeit der Kühlung werden für die Zugabe der Schwefelsäure 4 bis 6 Stunden benötigt. Dazu kommen noch einige Stunden für die Nachreaktion.

Ein wichtiger Arbeitsgang vor der Neutralisation ist die Entfernung der nicht umgesetzten Schwefelsäure mit Hilfe von Kochsalz- oder Natriumsulfatlösungen. Die 10 bis 12%ige Salzlösung wird entweder in das Reaktionsgemisch gegeben, oder dieses wird in die Salzlösung eingeleitet und gut durchgemischt. Nach der Durchmischung trennt sich die entstandene Emulsion in eine saure Salzlösung und das sulfierte Öl. Bei einer gut durchgeführten Auswaschung ist eine Wiederholung nicht notwendig.

Nach dem Auswaschen wird das sulfierte Öl möglichst sofort neutralisiert, um die Abspaltung von Schwefelsäure zu verhindern. Zur Neutralisation kann konzentrierte *Natron-* oder *Kalilauge,* aber auch Alkalicarbonat eingesetzt werden. Will man die sulfierten Öle möglichst schonend behandeln, ist es ratsam, mit *Bicarbonat* zu neutralisieren.

Ammoniak hat als Neutralisationsmittel den Nachteil, daß die damit umgesetzten Produkte bei höherer Temperatur unbeständig sind und bei Zusatz eines stärkeren Alkalis *Ammoniak* frei wird.

Noch während des Neutralisationsvorganges wird das Öl auf seine erforderliche Konzentration gebracht, d. h., der Fettsäuregehalt wird auf die gewünschte Menge eingestellt.

Der geschilderte Herstellungsgang ändert sich bei den einzelnen Fetten etwas und wird auch in den verschiedenen Betrieben unterschiedlich ausgeführt. In allen Fällen enthalten derartige Produkte die *Alkalisalze* der *sulfierten* und der *unsulfierten* Fettsäuren, soweit sie als freie Fettsäuren vorlagen. Einwandfreie *Rotöle* sollen frei von Schwefelsäure sein und gegen *Kongorot* neutral reagieren. Als Netzmittel sind Rotöle besser als Seifen; in ihrer emulgierenden und reinigenden Wirkung erreichen sie die Seifen nicht. Da Rotöle mit den Härtebildnern des Wassers (Calcium- und Magnesiumsalze) lösliche Verbindungen eingehen, werden sie in hartem Wasser nicht ausgeflockt.

Durch *saure* oder *alkalische* Verseifung der Sulfate entstehen in unterschiedlicher Menge *Oxyfettsäuren* und freie Schwefelsäure:

$$\begin{array}{lcl} \mathrm{R\cdot CH\cdot R'\cdot COOH} + \mathrm{H_2O} & \rightarrow & \mathrm{R\cdot CH\cdot R'\cdot COOH} + \mathrm{H_2SO_4} \\ \quad\;\;\cdot & & \quad\;\;\cdot \\ \quad\mathrm{O\cdot SO_3H} & & \quad\mathrm{OH} \end{array}$$

Echte *Sulfonsäuren* (-SO_3H-Gruppe) sind beständiger und lassen sich nicht so leicht verseifen.

Qualitätsmäßig besser als die Rotöle sind neuere Produkte, die vielfach *hochsulfierte Öle* darstellen und weitaus bessere Eigenschaften aufweisen. Sie besitzen ein günstigeres Netz- und Emulgiervermögen und sind gegenüber Calcium- und Magnesiumsalzen sowie Säuren und Alkalien bedeutend beständiger.

2.1222 Monopolseifen

Ändert man das Herstellungsverfahren für Türkischrotöl ab, so erhält man seifenartige Erzeugnisse, die eine wesentliche bessere Beständigkeit gegenüber der Wasserhärte besitzen und ein beachtliches *Kalkseifendispergiervermögen* aufweisen. Solche Produkte wurden erstmalig von der Crefelder Seifenfabrik Stockhausen u. Traiser im Jahre 1896 hergestellt.

Ricinusöl wird nach der beim Türkischrotöl beschriebenen Methode mit 30% Schwefelsäure behandelt und entweder das gewaschene oder auch das ungewaschene saure Öl mit dreimal soviel Alkali wie bei der Türkischrotöl-Fabrikation neutralisiert. Durch Verkochen mit der hohen Alkalimenge erhält man nach dem Erkalten ein seifenähnliches Produkt, das unter dem Namen *Monopolseife* bekannt wurde. Die Monopolseife ist heute weitgehend durch modernere Produkte ersetzt.

2.1223 Sonstige hochsulfierte Öle

Da die $-O \cdot SO_3H$-, bzw. $-SO_3H$-Gruppe stets den stärksten Einfluß auf die jeweils betrachteten Eigenschaften einer in den Handel kommenden Ware hat, spricht man heute vom Sulfierungsgrad in dem Sinne, daß man diesen gleich 100% setzt, wenn auf ein Mol der organischen Anteile der oberflächenaktiven Substanzen ein Mol der obigen Gruppen kommt.

Die *Monopolseife* ist dann eine Zwischenstufe von den *schwachsulfierten* zu den *hochsulfierten* Produkten. Während Türkischrotöl einen Sulfierungsgrad von etwa 22% hat, erreichen die hochsulfierten Produkte 93% und moderne oberflächenaktive Substanzen (Alkylsulfate) sogar 100%.

Hochsulfierte Öle werden in der Wollveredelung, bei der Verarbeitung von Seide, Kunstseide, Zellwolle und Baumwolle sowie als Mittel zum Weich- und Geschmeidigmachen von Geweben benutzt. Einige Produkte kommen unter

Zusatz von Fettlösungsmitteln in den Handel und weisen dadurch eine verbesserte netzende, reinigende und emulgierende Wirkung auf. Am bekanntesten sind die verschiedenen Monopolbrillantöle und die Prästabitöle.

2.1224 Derivate der sulfierten Öle

In einigen Fabrikaten wird die *Carboxylgruppe* der freien Fettsäuren vor der Sulfierung *blockiert*, um höhere Beständigkeit und verbessertes Benetzungsvermögen zu erzielen.

Die Blockierung kann durch Veresterung mit niedermolekularen Alkoholen, wie *Propyl-*, *Butyl-* oder *Amylalkohol*, erreicht werden. Auch zwei- und mehrwertige Alkohole können zur Veresterung herangezogen werden. Um eine Verseifung während der Sulfierung zu vermeiden, sulfiert man die Ester bei Temperaturen unterhalb 0 °C und führt auch die Neutralisation so durch, daß nur eine geringe Erwärmung auftritt. Ein derartiges Produkt ist z. B. das *Avirol DAH extra*, das durch Sulfierung eines *Ricinolsäurebutylesters* bei —5 °C gewonnen wird.

Ein anderer Typ der sulfierten Fettsäuren mit blockierter Carboxylgruppe sind die *Fettsäureamidsulfate*. Der älteste Vertreter dieser Verbindungen ist der *Schwefelsäureester* des *Ölsäureamids*, dessen Natriumsalz unter dem Namen *Humectol C* in den Handel kam und in der Färberei vorwiegend als Netzmittel und Emulgator verwendet wurde. Weitere Produkte aus *Ölsäurediisobutylamid* oder auch *Ölsäureäthylanilid* mit Schwefelsäure sind unter verschiedenen Namen als Netz- und Emulgiermittel in den Handel gekommen:

a) $R'CH \cdot R'' \cdot CO \cdot NH_2$
$\quad O \cdot SO_3Na$

Schwefelsäureester des Ölsäureamids

b) $R'\cdot CH\cdot R''\cdot CO\cdot N(C_4H_9)_2$

$O\cdot SO_3Na$

Schwefelsäureester des Ölsäurediisobutylamids

c) $R'CH\cdot R''\cdot CO\cdot N\cdot C_2H_5$

C_6H_5

Schwefelsäureester des Ölsäureäthylanilids

Zur Herstellung der genannten Verbindungen wird die Ölsäure mit Phosphortrichlorid in das Ölsäurechlorid überführt und dieses mit *Ammoniak* (a), *Diisobutylamin* (b) oder dem *Äthylanilin* (c) kondensiert. Die Sulfierung muß hier unter sehr schonenden Bedingungen bei Temperaturen unterhalb 0 °C erfolgen.

Verbindungen mit amidartig blockierter Carboxylgruppe zeichnen sich durch ihre Beständigkeit gegenüber hartem Wasser, Alkalien und Säuren aus. Trotz dieser positiven Eigenschaften haben die sulfierten Fettsäureamide keine so weite Verbreitung gefunden wie die sulfierten Fettsäureester.

2.123 Fettsäuremonoglyceridsulfate

Die Schwefelsäureester der *Monoglyceride* haben eine beachtliche wirtschaftliche Bedeutung erlangt. Als *universelles* Reinigungsmittel ist das *Vel*, ein *Monoglyceridester* der *Kokosfettsäuren*, vor allem in Amerika weit verbreitet. Zum Waschen von Wollsachen und anderen empfindlichen, gefärbten Textilien ist dieser Waschrohstoff wegen seiner guten Reinigungs- und Entfettungswirkung sowie seiner vorzüglichen Hartwasserbeständigkeit ausgezeichnet geeignet. Bei Temperaturen oberhalb 75 °C tritt bei Anwesenheit von Alkalien leicht Verseifung des Esters ein, während in saurem Bade die Sulfogruppe abgespalten wird.

Bei den *Monoglyceridsulfaten* handelt es sich um definierte Verbindungen folgender Formel:

$$\begin{array}{l} CH_2\cdot O\cdot OC\cdot R \\ \dot{C}H\cdot OH \\ \dot{C}H_2\cdot O\cdot SO_3Na \end{array}$$

Sie lassen sich durch Umesterung geeigneter *Triglyceride* mit zwei Mol *Glycerin* und *Schwefelsäure* herstellen:

$$\begin{array}{l} CH_2\cdot O\cdot OC\cdot R \\ \dot{C}H\cdot O\cdot OC\cdot R \\ \dot{C}H_2\cdot O\cdot OC\cdot R \end{array} + 2 \begin{array}{l} CH_2\cdot OH \\ \dot{C}H\cdot OH \\ \dot{C}H_2\cdot OH \end{array} + \xrightarrow{3\,H_2SO_4} 3 \begin{array}{l} CH_2\cdot O\cdot OC\cdot R \\ \dot{C}H\cdot OH \\ \dot{C}H_2\cdot O\cdot SO_3H \end{array} + 3\,H_2O$$

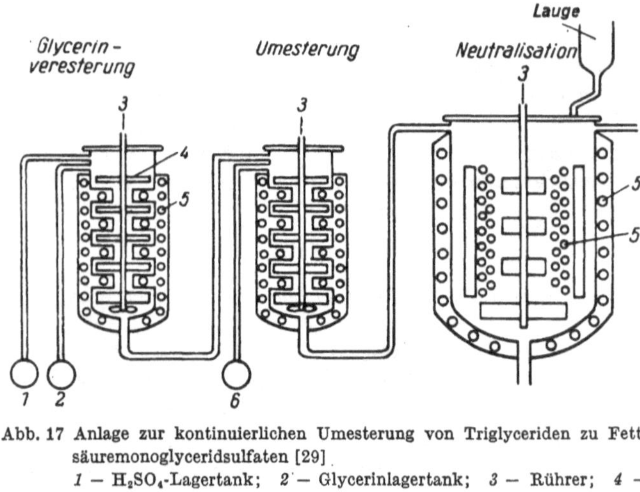

Abb. 17 Anlage zur kontinuierlichen Umesterung von Triglyceriden zu Fettsäuremonoglyceridsulfaten [29]
1 – H_2SO_4-Lagertank; *2* – Glycerinlagertank; *3* – Rührer; *4* – Rührteller; *5* – Kühlung; *6* – Öllagertank

Zur Herstellung des Monoglyceridsulfates werden zu 22 Teilen wasserfreiem Glycerin 30 Teile Schwefelsäure-monohydrat gegeben und unter Rühren bei Temperaturen unterhalb 30 °C wird der *Glycerinschwefelsäureester* gebildet; dann trägt man 200 Teile 20%iges Oleum ein und gibt anschließend bei 50 °C 76 Teile geschmolzenes Kokosöl zu. Nach beendeter Umesterung soll eine Probe in Wasser klar löslich sein. Zur Neutralisation ist eine Temperatur von 20 bis 25 °C erforderlich, der pH-Wert der neutralisierten Lösung soll bei 6,5 liegen. Abbildung 17 zeigt das Schema einer *kontinuierlichen Monoglyceridsulfatanlage*, wie sie bei der Colgate Palmolive-Peet Co. [29] in Betrieb ist. Im ersten Reaktionsgefäß wird das Glycerin mit Schwefelsäure verestert und im zweiten Gefäß erfolgt nach Zugabe des Oleums und des Kokosöls die Umesterung. Im dritten Gefäß wird das Reaktionsgemisch neutralisiert. Die weitere Aufarbeitung erfolgt durch Zerstäubungstrocknung der neutralisierten Lösung.

2.13 Salze der Alkylsulfonsäuren

Wie bereits bei den Alkylsulfaten erwähnt, enthalten die Sulfonate als hydrophilen Teil die -SO_3Me-Gruppe. Der Schwefel ist direkt an ein C-Atom der Hauptvalenzkette gebunden:

$$\begin{array}{lcl} R'\cdot CH\cdot R'' & & \\ \quad SO_2\cdot OMe & \text{oder} & R'\cdot CH_2\cdot SO_2\cdot OMe \end{array}$$

sekundäre *primäre* Alkylsulfonate

Darstellungsmethoden

Schon sehr frühzeitig wurden die niedermolekularen Glieder der Alkylsulfonate hergestellt. Bereits im Jahre 1868 wurde von Strecker [30] und 1873 von Haemillian [31] die Synthese niederer Alkylsulfonate aus *Alkylhalogeniden* und *Natriumsulfit* durchgeführt:

$$C_2H_5Br + Na_2SO_3 \rightarrow C_2H_5SO_3Na + NaBr$$

Zur Gewinnung *höherer* Alkylsulfonate ist diese Umsetzung nicht geeignet, weil hierbei die Bildung von Alkohol begünstigt ist.

Auch Alkylsulfate lassen sich mit Natriumsulfit in die entsprechenden Sulfonate überführen. Nach DAVIDSON [32] wird die Reaktion durch *organische Amine* und *Phosphorsäure*verbindungen katalysiert.

$$R \cdot O \cdot SO_3Na + Na_2SO_3 \rightarrow R \cdot SO_3Na + Na_2SO_4\,.$$

Die erwähnten Reaktionen haben zur Herstellung höhermolekularer Alkylsulfonate keine technische Bedeutung erlangt.

Eine technische Bedeutung erlangten die Sulfonate erst, als es gelungen war, durch die Sulfochlorierung von Paraffinen die Alkylsulfonate auf einem einfachen Wege herzustellen.

2.131 Sulfochlorierung

Die von REED und HORN [33] 1933 in Amerika entdeckte *Sulfochlorierung* von Paraffinen mit *Chlor* und *Schwefeldioxyd* unter Einstrahlung von kurzwelligem Licht ist noch immer die wichtigste Reaktion zur technischen Herstellung der Alkylsulfonate:

$$\begin{matrix} R' \\ R'' \end{matrix}\!\!\!>\!CH_2 + SO_2 + Cl_2 \xrightarrow{h\nu} \begin{matrix} R' \\ R'' \end{matrix}\!\!\!>\!CH \cdot SO_2Cl + HCl$$

Die $\text{-}SO_2Cl$-Gruppe kann an *jedem* C-Atom der Hauptvalenzkette stehen; deshalb ist die Zahl der möglichen Isomeren bei einem höhermolekularen Kohlenwasserstoffgemisch sehr groß. Allein das *Hexadecan*, $C_{16}H_{34}$, bildet acht isomere Sulfochloride.

Der Reaktionsmechanismus der Sulfochlorierung ist weitgehend durch die Arbeiten von ASINGER [33a] aufgeklärt worden. Von CALCOTT [33b], KHARASCH und READ [33c] wurde gefunden, daß durch Zusatz von *organischen Stickstoffbasen* (*Pyridin*) eine Beschleunigung der Sulfochlorierung und eine Verbesserung der Ausbeute erzielt wird.

Neben dem Sulfochlorid entstehen bei der Reaktion noch *chloriertes Paraffin* und *mehrfach sulfochlorierte* Produkte, die unerwünscht sind.

Die Alkalisalze der isomeren Alkylsulfonate zeigen eine unterschiedliche Waschwirkung. Bei *mittelständigen* Sulfogruppen haben die Produkte vorwiegend nur *Netzwirkung*, dagegen bedingen *endständige* oder *nahezu endständige Sulfogruppen* ein *gutes Wasch-* und *Netzvermögen*.

Die Alkalisalze der Sulfonate lassen sich gewinnen, wenn man die Sulfochloride mit Alkalien behandelt:

$$\begin{matrix}R'\\ R''\end{matrix}\!\!>\!CH\cdot SO_2Cl + 2\,MeOH \rightarrow \begin{matrix}R'\\ R''\end{matrix}\!\!>\!CH\cdot SO_2\cdot OMe + MeCl + H_2O\ .$$

Für die technische Herstellung waschaktiver Substanzen hat sich ein aliphatisches Kohlenwasserstoffgemisch mit 14 bis 16 C-Atomen und einem Siedebereich von 220 bis 320 °C aus der Fischer-Tropsch-Synthese als sehr geeignet erwiesen. Die unter dem Namen *Kogasin* bekannten Fraktionen bestehen fast ausschließlich aus geradkettigen Paraffinen. Noch vorhandene olefinische Bestandteile werden durch Hydrierung in die entsprechenden Paraffine überführt. Das hydrierte Produkt wird *Mepasin* genannt. Es enthält nur einen geringen Prozentsatz an verzweigten Kohlenwasserstoffen.

Auch Erdölfraktionen wurden zur Sulfochlorierung eingesetzt, haben jedoch nicht die Verwendung gefunden wie die Fischer-Tropsch-Paraffine.

Schwefeldioxyd und *Chlor* können von technischer Qualität sein, dürfen allerdings keine Feuchtigkeit enthalten. Vor ihrer Verwendung sind sie in geeigneten Trockenvorrichtungen davon zu befreien.

2.1311 Durchführung der Sulfochlorierung

In großen etwa 1000 *l* fassenden Steinzeuggefäßen oder in homogen verbleiten Stahlzylindern, die mit Kühl- und

Heizvorrichtungen versehen sind, wird die Sulfochlorierung vorgenommen. Die Lichtquellen (*Quecksilberdampflampen*) sind in einem sogenannten Belichtungsrohr übereinander angeordnet. Sie liefern in hoher Ausbeute ein kurzwelliges Licht von 3000 bis 3600 Å Wellenlänge. Am Boden der Gefäße wird durch Fritten das Gemisch von Chlor und Schwefeldioxyd im Verhältnis 1 : 1 eingeleitet. Während der

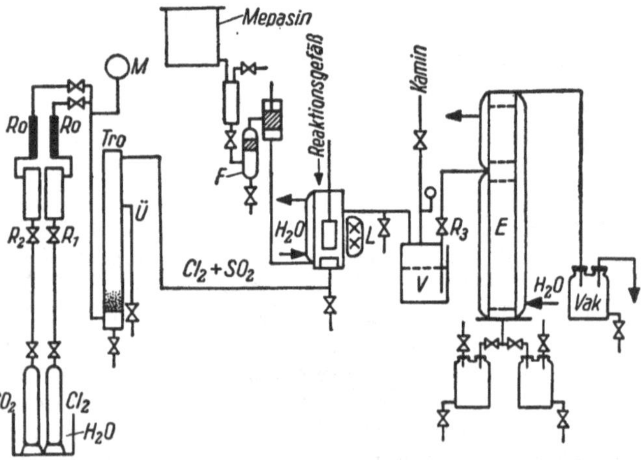

Abb. 18 Diskontinuierliche Sulfochlorierung von Mepasin nach dem IG-Verfahren
R_1, R_2, R_3 – Regulatoren; *Ro* – Rheostat; *M* – Manometer; *Tro* – Trockenturm; *Ü* – Überlauf; *F* – Filter; *L* – Lichtquellen; *V* – Vorlage; *E* – Entgasungskolonne; *Vak.* – Vakuum

Reaktion wird die Temperatur auf 20 bis 40 °C gehalten, da bei höheren Temperaturen Produkte mit mehreren Sulfochloridgruppen im Molekül anfallen. Die Reaktionswärme wird durch die Kühlvorrichtung abgeführt. Nach beendeter Reaktion wird durch das Reaktionsgemisch Luft oder Stickstoff geblasen, um gelöstes Chlor und Schwefeldioxyd weitgehend zu entfernen. Da vor allem die Monosulfochloride als Ausgangssubstanzen für Waschrohstoffe verlangt werden, bricht man die Solfochlorierung meist vor der vollständigen Umsetzung des Mepasins ab (s. Abb. 18).

Je nach dem Grade der Sulfochlorierung unterscheidet man die anfallenden Produkte, die unter dem Namen *Mersol* in den Handel kommen, in:

1. *Mersol D*: Vom eingesetzten Mepasin sind annähernd 70% umgesetzt worden. Die Ware enthält demgemäß größere Anteile von *Polysulfochloriden* und ist auch anteilig chloriert. Mersol D entsteht bei Einwirkung von SO_2 und Cl_2 in etwa 16 bis 18 Stunden.

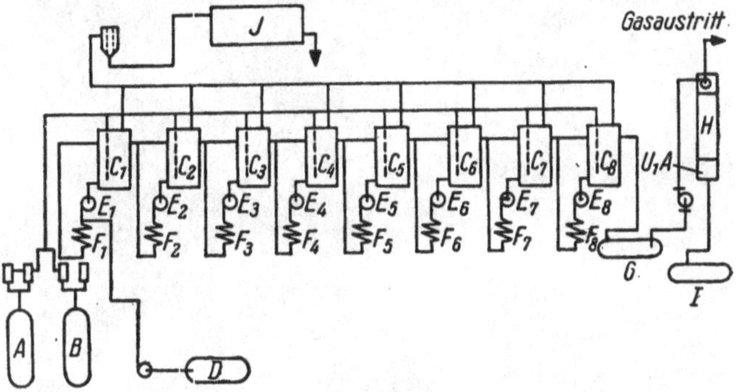

Abb. 19a Kontinuierliche Sulfochlorierung von Mepasin nach STÜPEL [32a] *A* – Behälter für Chlor; *B* – Behälter für Schwefeldioxyd; C_1 bis C_8 – Reaktionsgefäße; *D* – Vorratstank für Mepasin; E_1 bis E_8 – Pumpen; F_1 bis F_8 – Kühler; *G* – Zwischentank; *H* – Entgasungskolonne; *I* – Lagertank für Rohprodukt; *J* – HCl-Absorber; U_1A – Luft

2. *Mersol H*: Vom angebotenen Mepasin sind annähernd 50% umgesetzt. Die Nachteile des Mersol D (Bildung von Polysulfochloriden) sind verringert.

3. *Mersol 30*: Vom angebotenen Mepasin sind nur annähernd 30% umgesetzt. Die gebildeten Sulfochloride sind fast nur *Monosulfochloride*. Mersol 30 bildet sich in etwa 4 bis 6 Stunden.

Zur Sulfochlorierung wurden verschiedene kontinuierliche Verfahren beschrieben. Eines der bekanntesten ist die Sulfochlorierung in mehreren hintereinander geschalteten Gefäßen. Abbildung 19a zeigt das Fließschema der

Abb. 19 b Teilansicht einer halbtechnischen Glasapparatur zur kontinuierlichen Sulfochlorierung nach dem Kaskadenverfahren

Anlage. Abbildung 19b bringt die Teilansicht einer ähnlichen, halbtechnischen Anlage aus Glas. Nach dem Verfahren sind vor allem in den Kriegs- und Nachkriegsjahren etwa 10000 jato Mepasin verarbeitet worden:

Das Mepasin wird aus dem Vorratstank (D) mit der Pumpe E_1 in das Reaktionsgefäß C_1 gedrückt und reagiert mit dem aus den Behältern A und B kommenden Chlor und Schwefeldioxyd. Mit Hilfe der Pumpen E_1 bis E_8 wird das Reaktionsgemisch durch alle acht Gefäße befördert, um aus C_8 als Mersol mit dem gewünschten Sulfochlorierungsgrad in den Zwischentank G abzufließen. Zur Befreiung von gelösten Gasen passiert das Rohprodukt die Entgasungskolonne H und gelangt von dort in den Lagertank I. Die Abgase der einzelnen Reaktionsgefäße werden dem Salzsäureabsorber (J) zugeführt.

Neuere Anlagen arbeiten nach dem *Kaskadenverfahren*, bei dem das Reaktionsgemisch ohne Pumpen von einem Gefäß in das nächste fließt. Sonst unterscheidet sich diese Methode von der vorherigen nicht.

2.1312 *Verseifung der Mersole und Abtrennung des Mersolates*

Die Verseifung und Aufarbeitung des Mersols kann nach verschiedenen Verfahren vorgenommen werden und hängt vom Grade der Sulfochlorierung ab.

Die Aufarbeitung des *Mersol 30* erfolgt nach dem in Abbildung 20 dargestellten Schema in nachstehender Weise: Mit einer 10%igen Natronlauge wird das auf 90 bis 100 °C erhitzte Mersol 30 verseift und zur Abscheidung der nicht umgesetzten Kohlenwasserstoffe in ein horizontales Rohr gepumpt. Das dabei abgeschiedene Mepasin geht wieder in die Sulfochlorierung zurück. Zu der wäßrigen Mersolatlösung wird nochmals Lauge gegeben, um eine Abscheidung des Mersolates zu erreichen. In einem zweiten waagerechten Rohr wird die Mersolatphase von der Laugenschicht getrennt. Das Mersolat geht zur Eindampfung, wo es von den

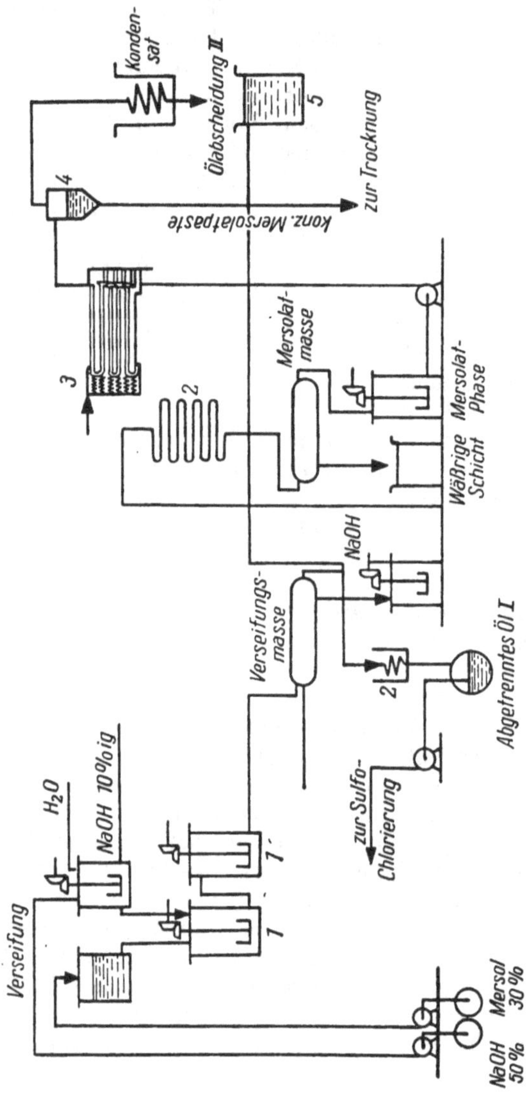

Abb. 20 Aufarbeitung des Mersol 30 [23]

1 — Verseifungskessel; *2* — Kühler; *3* — Röhrenverdampfer; *4* — Separator; *5* — Trennkessel

letzten Mepasinresten befreit wird. Die so gewonnene Mersolatpaste eignet sich auf Grund ihres geringen Gehaltes an *Polysulfonaten* zur Trocknung.

In etwas anderer Form wird die Verseifung des *Mersol D* und des *Mersol H* vorgenommen. Zur Verseifung des *Mersol D* wird eine ca. 36%ige Natronlauge verwendet. Die anfallende leicht alkalische Paste mit einem Mersolatgehalt von 50 bis 60% scheidet beim Stehen nach Abkühlung die Hauptmenge des entstandenen Kochsalzes aus. Um die nicht umgesetzten Kohlenwasserstoffe abzutrennen, muß die Paste auf etwa 35% Mersolatgehalt mit Wasser verdünnt werden, wobei sich das Öl an der Oberfläche abscheidet.

Mersol H verseift man mit einer 16,5%igen Natronlauge bei 90 bis 100 °C. Das nicht umgesetzte Mepasin scheidet sich nach längerem Stehen an der Oberfläche des Verseifungsgemisches ab. Gleichzeitig wird ein Teil des entstandenen Kochsalzes ausgeschieden. Aus der Mersolatlösung wird mit Wasser und Methanol bei 65 °C die Hauptmenge des Mersolates extrahiert. Gleichzeitig setzt sich das etwa noch vorhandene Mepasin an der Oberfläche ab. Nach dem Abdestillieren des Lösungsmittels (Methanol, Wasser) fällt eine Paste an, die 70% Mersolat, 3 bis 4% Mepasin und etwa 4% Kochsalz enthält.

Bei der Verseifung des Sulfochlorides zum Mersolat (Alkylsulfonat) ist die doppelte Alkalimenge erforderlich wie zur Verseifung von Fettsäuren von ungefähr gleichem Molekulargewicht. Aus diesem Grunde liegen die Verseifungszahlen der Mersole doppelt so hoch wie die der Fettsäuren.

Verseifungstemperaturen von 90 bis 100 °C werden von einigen Autoren als zu hoch angesehen, da oberhalb 80 °C nach folgender Formel Zersetzung des Mersols eintreten soll:

$$R \cdot CH_2 \cdot SO_2Cl \rightarrow R \cdot CH_2 \cdot Cl + SO_2$$

2.132 *Sulfoxydation*

Neben der Sulfochlorierung hat besonders die *Sulfoxydation* aliphatischer Kohlenwasserstoffe eine gewisse Bedeutung erlangt, obwohl das Verfahren nur vereinzelt im technischen Maßstab zur Anwendung kam.

Das Verfahren wurde von PLATZ und SCHIMMELSCHMIDT [34] aufgefunden. In den Jahren 1940 bis 1945 baute man es in den Werken der ehemaligen IG in Hoechst und Leuna weiter aus. Von dem Verfahren wurden drei Variationen bekannt:

1. das Licht-Wasser-Verfahren oder Hostapon-Lichtprozeß,
2. das Essigsäureanhydrid-Verfahren,
3. das Chlor-Verfahren.

Licht-Wasser-Verfahren

Die Umsetzung der gesättigten aliphatischen Kohlenwasserstoffe vom Typ des Mepasins geht nach folgender Gleichung vor sich:

$$R.CH_3 + SO_2 + O_2 \rightarrow R.CH_2 \cdot SO_2 \cdot O \cdot OH$$

Die entstandene *Persulfonsäure* setzt sich bei Anwesenheit von Wasser und Schwefeldioxyd zur Alkylsulfonsäure um:

$$R \cdot CH_2 \cdot SO_2 \cdot O \cdot OH + SO_2 + H_2O \rightarrow R \cdot CH_2 \cdot SO_2 \cdot OH + H_2SO_4$$

Auf einfacherem Wege als bei der Sulfochlorierung lassen sich nach dieser Methode aus aliphatischen gesättigten Kohlenwasserstoff-Gemischen Monosulfonsäuren gewinnen. Die Sulfogruppe ist auch hier statistisch über die aliphatische Kette verteilt. *Di-* und *Polysulfonsäuren* entstehen nach dem Verfahren kaum, da durch laufende Extraktion mit Wasser die anfallenden *Monosulfonsäuren* aus dem Reaktionsgemisch entfernt werden.

Abbildung 21 zeigt schematisch das von ORTHNER [35] beschriebene Verfahren der Licht-Wasser-Sulfoxydation. Die Apparatur arbeitet in folgender Weise: In den Turm 1, der mit einer gut wirkenden Innenbeleuchtung ausgerüstet ist, wird aus dem Behälter 2 Mepasin und aus Behälter 3 Wasser im Verhältnis 200 Teile Mepasin : 100 Teilen Wasser gegeben. Zur Durchmischung und Kühlung pumpt man die beiden Komponenten im Kreislauf durch einen Kühler und führt das Gemisch aus Sauerstoff und Schwefeldioxyd mit Hilfe der Pumpe 6 ebenfalls im Kreislauf durch

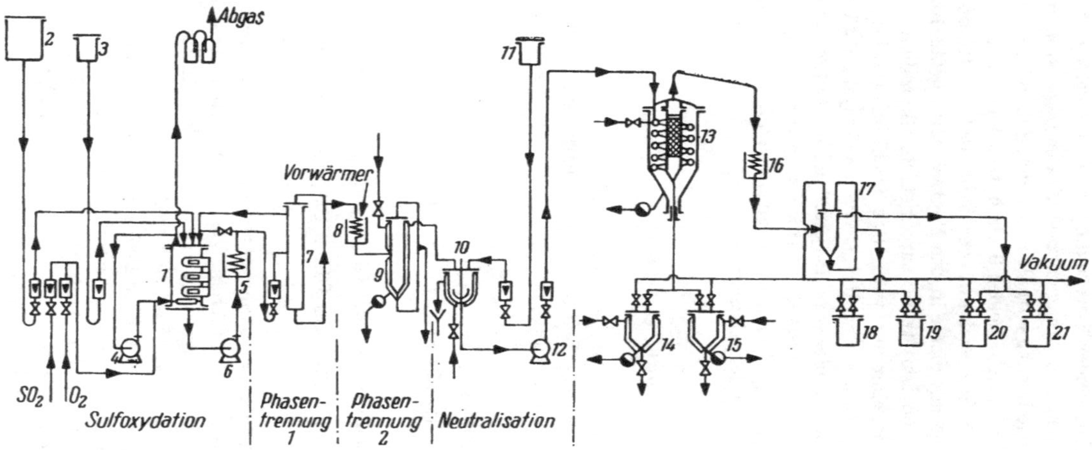

Abb. 21 Sulfoxydation nach dem Licht-Wasser-Prozeß nach ORTHNER [35]
1 – Reaktionsturm; *2* – Behälter für Mepasin; *3* – Behälter für Wasser; *4*, *6*, *12* – Pumpen; 5, *8*, *16* – Kühler *7*, *17* – Scheider; *9* – Abscheider (heizbar); 10 – Neutralisationsgefäß; *11* – Behälter für Natronlauge; *12* – Pumpe; *13* – Verdampfer; *14*, *15* – Gefäße für das Sulfonat; *18*, *19* – Gefäße für das Wasser; *20*, *21* – Gefäße für Mepasin

den Turm. Im Abscheider 7 wird die im Wasser gelöste Alkylsulfonsäure von den nicht umgesetzten Kohlenwasserstoffen getrennt. Die wäßrige Lösung enthält neben den Sulfonsäuren noch Schwefelsäure, die im Abscheider 9 als untere Phase abgetrennt wird. Ein Teil der Schwefelsäure verbleibt noch in der oberen Phase und gelangt mit dieser in das Neutralisationsgefäß 10, wo mit Natronlauge die Umsetzung zum Natriumalkylsulfonat und Natriumsulfat vorgenommen wird. Das noch im wäßrigen Gemisch enthaltene Mepasin wird im Verdampfersystem 13 entfernt. Aus dem Verdampfer wird das geschmolzene Sulfonat in die Gefäße 14 und 15 abgezogen. In Hoechst wurden einige Zeit Alkylsulfonate nach dem Verfahren erzeugt und unter dem Namen *Hostaphen* in den Handel gebracht.

Essigsäureanhydrid-Verfahren

Die nachfolgenden Angaben stammen aus einer Versuchsanlage, die eine gewisse Zeit in Hoechst betrieben wurde. Die Bildung des Sulfonates erfolgt bei dem Verfahren in zwei Stufen:

a) $R \cdot CH_3 + SO_2 + O_2 + (CH_3CO)_2O \rightarrow$

$\rightarrow R \cdot CH_2SO_2 \cdot O \cdot O \cdot OC \cdot CH_3 + CH_3COOH$

b) $R \cdot CH_2SO_2 \cdot O \cdot O \cdot OC \cdot CH_3 + SO_2 + H_2O \rightarrow$

$\rightarrow R \cdot CH_2 \cdot SO_2OH + CH_3COOH + H_2SO_4$

Man unterscheidet die Bildungsreaktion (a) und die Nachreaktion (b). In mehreren hintereinander geschalteten Reaktionstürmen findet die Bildungsreaktion zwischen den Komponenten *Mepasin, Schwefeldioxyd, Sauerstoff* und *Essigsäureanhydrid* bei einer Temperatur von 40°C *ohne Belichtung* statt. Das Reaktionsgemisch wird in einem weiteren Gefäß mit verdünnter Essigsäure vermischt und das *Alkylpersulfonsäureacetanhydrid* bei 55 bis 60°C hydrolysiert. Die weitere Aufarbeitung erfolgt wie beim Reaktionsgemisch des Licht-Wasser-Verfahrens.

Chlor-Verfahren

In Anlehnung an das Licht-Wasser-Verfahren wurde von WEGHOFER [36] diese Variante ausgearbeitet. Mit einem Gemisch von Schwefeldioxyd, Luft, Chlor im Verhältnis 1:2:0,03 und Mepasin wurde die Sulfoxydation in zwei hintereinander geschalteten Reaktionstürmen mit gutem Erfolg ausgeführt.

Die *Sulfoxydation* liefert wegen der milderen Reaktionsbedingungen bessere Sulfonsäuren als die Sulfochlorierung. Durch laufende Entfernung der Sulfonsäuren aus dem Reaktionsgemisch entstehen fast ausschließlich *monosulfonierte* Verbindungen. Für die Verseifung der Sulfonsäuren aus der Sulfoxydation benötigt man außerdem nur ein Mol Alkali.

Jedoch darf nicht verschwiegen werden, daß die Bedeutung der Sulfonate durch andere, später zu behandelnde oberflächenaktive Substanzen stark zurückgedrängt worden ist, so daß diese interessanten Möglichkeiten nicht weiter verfolgt wurden.

2.133 Verwendung der Alkylsulfonate

Waschpulver auf reiner Sulfonatbasis werden heute nur noch selten und nur für spezielle Verwendungszwecke hergestellt, weil sie trotz ihrer Beständigkeit gegen hartes Wasser und ihrer guten Schaumentwicklung keine so guten Wascheigenschaften aufweisen wie z. B. die *Alkylarylsulfonate*. Eine der nachteiligsten Eigenschaften ist ihr geringes Schmutztragevermögen. In dieser Hinsicht zeigen Alkylsulfate und Alkylarylsulfonate eine bedeutend bessere Wirkung. Allerdings treten heute die *Alkylsulfonate* in verschiedenen Waschpulvern gemeinsam mit *Alkylsulfaten* (z. B. *Laurylsulfat*) oder *Äthylenoxydaddukten* auf. Wegen der Hygroskopizität der Mersolate ist es nicht ratsam, den Waschmitteln mehr als 10 bis 15% zuzusetzen. Feinwaschmittel zum Reinigen von Wolle und anderen empfindlichen Fasern enthalten ebenfalls häufig Alkylsulfonate. Weit verbreitet sind die Mersolate als Einweichmittel und als Reinigungsmittel für Betriebe und Haushalte. Die Abwaschmittel vom Typ des *FW 6* und ähnliche bestehen fast nur aus einer wäßrigen etwa 5 bis 10%igen Mersolatlösung.

Während des Krieges wurden in Deutschland aus Mischungen von Natronseife und Mersolat sowie mit verschiedenen Füllmaterialien feste Körperwaschseifen hergestellt. Neben anderen nachteiligen Eigenschaften zeigte die Seife gegenüber der reinen Kernseife eine geringere Waschwirkung und ein vermindertes Schaumvermögen. Nach VIERTEL [37] lassen sich die sogenannten *MS-Seifen* bei Anwesenheit normaler Zusätze wie *Tylose* und *calcinierter Soda* für die Textilwäscherei durchaus verwenden. Es ist jedoch ratsam, möglichst in weichem Wasser zu arbeiten und die Waschlauge ausreichend alkalisch zu halten.

Die Qualität der erwähnten Seifen waren sehr unterschiedlich. Neben einer *MS-Seife* mit 90% *Mersolat H* (63% Alkylsulfonsäure), 5% *Tylose HBR* und 5% *calcinierter Soda* wird eine Seife mit 44% *Mersol* als *Mersolat*, 4% *Hartfettsäure* als Natronseife, 3,75% *Tylose HBR* und Wasser sowie *Kochsalz*, erwähnt.

Schmierseifenartige Mersolate mit Zusätzen von Soda und alkalisch gestelltem Wasserglas wurden von STOCKHAUSEN [38] auf ihre Eignung für die Textilveredelung untersucht. Für viele Zwecke läßt sich eine mersolathaltige Seife einsetzen. Zum Walken und Imprägnieren sind mersolathaltige Produkte nicht zu empfehlen.

Nach HAGGE [39] sind die Qualitäten der verschiedenen Mersoltypen nach Befunden aus der Wäschereipraxis unterschiedlich. So sollen 8 Teile *Mersolat H* in der Wirkung 11 Teilen *Mersolat D* entsprechen. Während das *Mersolat H* in Schuppen oder als Paste in den Handel kommen kann, wird das *Mersolat D* nur als Flüssigkeitsprodukt auf den Markt gebracht. Der Unterschied in der Konsistenz dieser Produkte beruht auf dem verschiedenen Gehalt an *Polysulfonaten*. *Polysulfonate* machen die Produkte *hygroskopisch.*

Während des Krieges wurden allein in Deutschland mehrere hunderttausend Tonnen Mersolat produziert; davon etwa 60000 jato allein im Leuna-Werk.

2.14 Alkylarylsulfonate

In der Reihe der synthetischen waschaktiven Substanzen nimmt die Bedeutung der Alkylarylsulfonate laufend zu. Diese sind oberflächenaktive Stoffe, die einen aromatischen Kern enthalten, der durch ein oder mehrere Alkyle substituiert ist. Die hydrophile $-SO_3Me$-Gruppe steht stets am Kern. Durch die Phenyl- oder Naphthylreste wird die hydrophobe Wirkung der Alkylgruppen verstärkt; außerdem werden den Molekülen *spezifische physikalische Eigenschaften* vermittelt, die den Wasch- oder Netzprozeß günstig beeinflussen. Um eine genügende Waschaktivität der Sulfonate zu erreichen, müssen die Alkyle *mindestens* 8 C-Atome in der Kette enthalten. Sind mehrere Alkyle am Kern (vorwiegend bei binuclearen Verbindungen), soll die Summe der C-Atome aller Alkyle mindestens 8 betragen. Ähnlich wie bei den *Seifen*, *Alkylsulfaten*, *Alkylsulfonaten* und dergleichen verleihen Alkyle mit 12 bis 14 C-Atomen den Alkylarylsulfonaten die besten waschaktiven Eigenschaften.

Für monoalkylierte Benzolsulfonate lautet die allgemeine Formel:

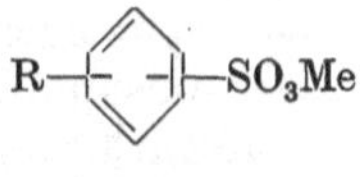

Für binucleare Dialkylsulfonate:

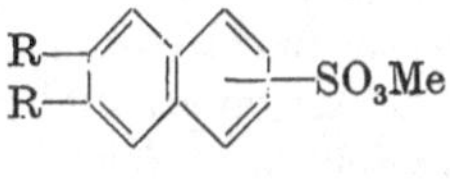

Zur Herstellung der *Alkylarylsulfonate* wurde bisher eine Reihe aromatischer Verbindungen mit mehr oder weniger großem Erfolg eingesetzt. Zu erwähnen sind vor allem: *Benzol*, *Toluol*, *Xylol*, *Äthylbenzol*, *Mesitylen*, einwertige

Phenole (*Kresole*, *Xylenole* u. a.), *Naphthalin*, *Methylnaphthalin*, *Naphthole* und dergleichen. Ebenso groß ist die Zahl der verschiedensten aliphatischen Alkyle, die nach sehr unterschiedlichen Methoden an die aromatischen Kerne angelagert wurden. Die größte Bedeutung bei der heutigen großtechnischen Fabrikation haben das Benzol und das Naphthalin erlangt.

Aus Benzol werden vorwiegend *monoalkylierte* Produkte mit höhermolekularen Alkylen (C_{12}—C_{14}) hergestellt, die nach der Sulfonierung vor allem als Waschrohstoffe verwendet werden. Alkyle mit kurzen oder mittleren C-Kettenlängen lassen sich gut an Naphthalin anlagern. Diese Sulfonate sind Netzmittel.

2.141 Monoalkylierte Alkylarylsulfonate (Alkylbenzolsulfonate)

Adam [40] stellte die *Hexadecylbenzolsulfonsäure* auf nachstehendem Wege her und machte auf ihre Seifenähnlichkeit aufmerksam. Aus *Palmitinsäurechlorid* wurde mit *Benzol* in Anwesenheit von *Aluminiumchlorid* als Katalysator das *Palmitophenon* erhalten, das durch Reduktion mit amalgamiertem Zink und Salzsäure (Clemmensen-Reduktion) in das Hexadecylbenzol umgewandelt wurde. Aus dem *Hexadecylbenzol* kann man mit rauchender Schwefelsäure die *Sulfonsäure* gewinnen. Für ein technisches Verfahren ist die Methode zu umständlich und zu unrentabel.

Bereits 1925 wurde von Lindner [41] auf die textilchemische Bedeutung derartiger Verbindungen hingewiesen. Ein geeignetes Verfahren zur Darstellung höhermolekularer Alkylbenzole arbeiteten 1934 Günther, Haussmann und Frank [42] aus. Als Ausgangsstoffe werden neben aromatischen Komponenten, wie *Benzol*, *Toluol* und *Xylole*, höhermolekulare *Olefine* oder *monochlorierte paraffinische Kohlenwasserstoffe* eingesetzt. Mit Hilfe von Friedel-Crafts-Katalysatoren kann die Alkylierung mit gutem Erfolg ausgeführt werden.

Nach FLETT [43] werden aus den genannten Komponenten auf folgendem Wege Alkylbenzole gewonnen: Zu 304 Teilen Monochlorparaffin, die durch Chlorierung einer Erdölfraktion vom Siedebereich 185 bis 275 °C erhalten wurden, mischt man bei Raumtemperatur 608 Teile Benzol und 27,4 Teile Aluminiumchlorid. Bei guter Durchmischung ist die Alkylierung in etwa 4 bis 5 Stunden beendet. Die Temperatur soll 45 °C nicht übersteigen, da bei höherer Temperatur verschiedene unerwünschte Nebenreaktionen auftreten. Neben mehrfach alkylierten Benzolen bilden sich aus dem chlorierten Paraffin hochmolekulare Polymerisate.

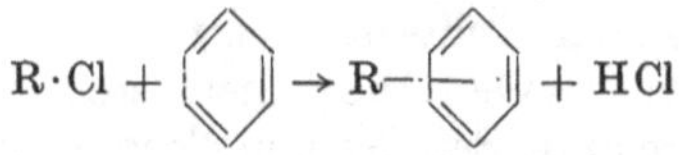

Vor der Aufarbeitung des Reaktionsgemisches läßt man den schwarzen Katalysatorschlamm durch längeres Stehen absitzen und dekantiert den flüssigen Teil. Durch Waschen mit Salzsäure und Wasser entfernt man die letzten Katalysatorreste. Nach der Trocknung werden in einer kleinen Kolonne das nicht umgesetzte Benzol und andere niedrigsiedende Produkte abdestilliert. Um das Alkylbenzol von den übrigen Komponenten zu isolieren, führt man eine Vakuumdestillation bei ca. 4 Torr durch und nimmt eine zwischen 160 bis 215 °C siedende Fraktion als Hauptlauf ab. Das Produkt besteht vorwiegend aus Alkylbenzol mit 12 bis 14 C-Atomen in der Seitenkette.

Da die Qualität der Alkylbenzolsulfonate stark von der Reinheit der Alkylbenzole abhängt, sollen möglichst nur konstant siedende Fraktionen zur Sulfonierung verwendet werden. Um möglichst enge Schnitte einsetzen zu können, kann entweder das Alkylbenzol noch mal geschnitten werden, oder man nimmt die Alkylierung mit gut *definierten Chlorparaffinen* oder *Olefinen* vor.

Toluol, *Xylole* und *Phenole* lassen sich leichter als Benzol alkylieren, werden aber trotzdem nur selten für technische Alkylierungen eingesetzt.

Da bei der Chlorierung der paraffinischen Kohlenwasserstoffe das Chlor an *jedes beliebige* C-Atom der Kohlenwasserstoffkette treten kann, bilden sich aus den verschiedenen Chloralkanen bei der Alkylierung auch die *entsprechenden Alkylbenzole*. Allein bei der Chlorierung des *Dodecans* ist mit 6 isomeren Chlorverbindungen zu rechnen, die bei der Alkylierung 6 isomere *Dodecylbenzole* ergeben können, weil der Benzolring an jedes der 12 C-Atome treten kann. Man kann also kein einheitliches Produkt erwarten. Die Verhältnisse liegen hier ähnlich wie bei der Sulfochlorierung oder bei der Sulfoxydation. In annähernd gleicher Weise richtet sich das Waschvermögen der Sulfonsäuren nach ihrer Stellung in der Kohlenstoffkette.

Die ersten auf diesem Wege hergestellten Alkylbenzolsulfonate kamen unter dem Namen *Nacconole* in den Handel. Das Ausgangsmaterial war eine Erdölfraktion aus einem *n-paraffinischen* Öl mit einem Siedebereich von 200 bis 300 °C; die Molmasse entspricht einem *Tetradecan* ($C_{14}H_{30}$). Durch Chlorierung bei 60 bis 70 °C wurde ein überwiegend monochloriertes Produkt gewonnen. Die Alkylierung wird mit 0,1 Mol Aluminiumchlorid, 1 Mol *Tetradecylchlorid* und 5 Mol Benzol bei 30 bis 35 °C vorgenommen. Der große Benzolüberschuß ist erforderlich, um eine mehrfache Alkylierung des Benzols weitgehend zu verhindern. Das vom Katalysator befreite, gewaschene und getrocknete rohe *Tetradecylbenzol* wird destilliert. Auch hier ist die Qualität des Endproduktes (Sulfonat) von der Reinheit der einzelnen Fraktionen abhängig. Das Fließschema einer Anlage zur Herstellung von Alkylbenzolsulfonat nach dem beschriebenen Verfahren zeigt Abbildung 22.

In Deutschland erfolgte die Herstellung von Alkylbenzol nach einem Verfahren der BASF, Ludwigshafen, über ein *monochloriertes Mepasin*, das annähernd einem C_{14}-Kohlenwasserstoff (*Tetradecan*) entspricht und nur wenig verzweigte Verbindungen enthält [44]: Die Kohlenwasserstofffraktion wird in großen 8000 *l* fassenden Kesseln, die homogen verbleit sind, in Chargen von etwa 5000 kg bei etwa 85 bis 115 °C so lange chloriert, bis die ursprüngliche

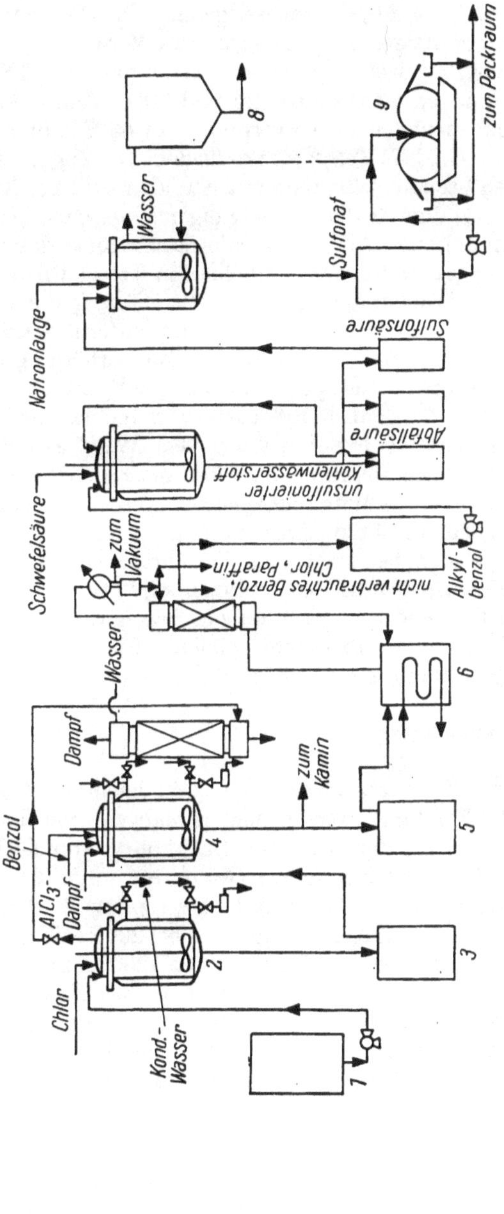

Abb. 22 Schema einer Anlage zur Herstellung von Alkylbenzolsulfonat

1 — Behälter für Kohlenwasserstoff; *2* — Chlorierungsgefäß; *3, 5* — Druckkessel; *4* — Alkylierungsgefäß; *6* — Destillieranlage; *7* — Sulfiergefäß; *8* — Sprühtrockner; *9* — Trommeltrockner

Dichte von 0,778 auf 0,892 angestiegen ist. Die Chlorierung dauert unter günstigen Bedingungen etwa 48 Stunden.

Zur Alkylierung werden in einen Kessel von etwa 6000 *l* Fassungsvermögen 2200 kg Benzol und 70 kg Aluminiumchlorid gegeben und nach Erwärmung auf 40 °C läßt man langsam das *chlorierte Tetradecan* zufließen. Die Zugabe soll in 6 Stunden beendet sein; weitere 2 Stunden wird bei 70 °C zur Vervollständigung der Umsetzung nachgerührt. Nach der Abtrennung des Aluminiumchloridschlammes kommt das Reaktionsprodukt in einen emaillierten Kessel, wo durch Waschen mit Wasser und mit einer Sodalösung die restlichen Katalysatorteile und die Salzsäure entfernt werden. Das Gefäß läßt sich beheizen und durch Erhöhung der Temperatur auf 80 °C und später auf 130 °C entfernt man das nicht verbrauchte Benzol und etwa vorhandene niedrigsiedende Verbindungen auf destillativem Wege aus dem Alkylbenzolgemisch. Nach Filtration gelangt das rohe Alkylbenzol in die Vakuumdestillation. Die Alkylbenzolfraktionen gehen direkt zur Sulfonierung.

Bei den bisher beschriebenen Verfahren ist die Herstellung eines wirklich monochlorierten aliphatischen Kohlenwasserstoffes sehr schwierig, da sich häufig di-, tri- oder mehrfach chlorierte Produkte bilden. Eine definierte Chlorierung ist kaum möglich.

Zur Sulfonierung

1500 kg des *Tetradecylbenzols* werden in einem mit Rührwerk und Kühlung versehenen, homogen verbleiten Reaktionskessel gegeben und zur Entfernung von Olefinresten mit 75 kg 96%iger Schwefelsäure etwa eine Stunde lang gerührt. Nach dem Absitzen der Säurephase wird diese abgezogen. Die eigentliche Sulfonierung bei 20 °C erfolgt mit 1650 kg konzentrierter Schwefelsäure und 1200 kg 26%igem Oleum, wobei man die Säure langsam in das Reaktionsgefäß einfließen läßt. Nach Zugabe der Säure wird noch eine Stunde nachgerührt und anschließend vorsichtig 900 *l* Wasser zugegeben. Die Temperatur soll dabei auf 80 °C gehalten werden. Nach achtstündigem Stehen zieht man die etwa 70%ige Schwefelsäurephase ab. Im Behälter verbleiben 2100 bis 2200 kg rohe Sulfonsäure von annähernd folgender Zusammensetzung:

79–85% Alkylbenzolsulfonsäure,
5– 8% Schwefelsäure,
5– 7% Wasser,
4– 7% unsulfonierte Teile.

Vor der Neutralisation wird die Sulfonsäure mit 1500 *l* Wasser verdünnt und langsam läßt man bei 60 bis 70 °C 975 kg einer ca. 35%igen Natronlauge zufließen. Das neutrale Produkt wird mit 25 kg Soda und 300 kg Natriumhypochlorit bei 70 °C eine Stunde gebleicht. Durch Zusatz von 2500 kg calciniertem Natriumsulfat wird die Lösung auf ein Fertigprodukt eingestellt, das 40% *Alkylbenzolsulfonat* enthält. Nach der Trocknung fallen etwa 4500 kg Produkt an.

In neuerer Zeit alkyliert man das Benzol vorwiegend mit *definierten* Olefinen. Vor allem verwendet man Olefine mit endständiger Doppelbindung, welche wertvolle Alkylbenzole liefern. Meist wird *Propen*, seltener *Buten* eingesetzt, die man in beträchtlichen Mengen aus der *Pyrolyse* von Kohlenwasserstoffen erhält. Durch Druckdestillation lassen sich die Gase in guter Reinheit isolieren.

Leitet man das *Propen* unter bestimmten Reaktionsbedingungen über *Phosphorsäurekatalysatoren*, so entsteht ein Gemisch aus *tri-* und *tetrameren* Propen (*Tripropen*, *Tetrapropen*). Derartige Oligomere werden heute in großen Mengen zur Alkylierung des Benzols eingesetzt. In technischem Maßstab wird die Alkylierung nach folgender Methode ausgeführt [45]: In einem Rührkessel werden 1076 kg Benzol auf ca. +10 °C abgekühlt und 547 kg wasserfreie Flußsäure zugegeben. Von den erwähnten *Propenoligomeren* läßt man 1472 kg so schnell in das Reaktionsgefäß einfließen, daß die Temperatur von +10 °C beibehalten bleibt. Nach beendeter Zugabe wird 2 bis 3 Stunden gerührt und anschließend bei 20 °C die Flußsäure und bei

80 °C das überschüssige Benzol abdestilliert. Das Produkt wird in der Destillationsblase mit Soda neutralisiert und dann filtriert. Die Ausbeute liegt bei 1940 kg Alkylbenzol.

Nach neueren Verfahren wird das *Propenoligomere* mit dem Benzol gemischt und kontinuierlich in ein Reaktionsgefäß gedrückt, in dem sich Flußsäure befindet. Durch intensive Kühlung wird die auftretende Reaktionswärme abgeführt und die Temperatur auf etwa + 10 °C gehalten. Ein Teil des Behälterinhaltes gelangt laufend in ein Absetzgefäß, wo sich die Flußsäure abtrennt und in das Reaktionsgefäß zurückgelangt. Das übrige Reaktionsgemisch aus *Benzol*, *Tetrapropen* und *Alkylbenzol* geht zur Aufarbeitung. In dem Maße, wie das Reaktionsgemisch abläuft, wird frisches Einsatzgemisch zugeführt bzw. die Flußsäure ergänzt.

Das Rohalkylat wird durch Destillation von geringen Flußsäureresten, vom nicht alkylierten Benzol und vom oligomeren Propen befreit. Nach der Neutralisation wird das Alkylbenzol im Vakuum destilliert, wobei die Hauptfraktion bei 271 bis 316 $°C_{760mm}$ abgenommen wird. Die Ausbeute auf das Rohalkylat bezogen liegt bei 86%.

Zur Vermeidung von Isomerisierungserscheinungen müssen die Reaktionsbedingungen genau eingehalten werden. Aus *Isooctylbenzol* z. B. kann das *Diisobutylbenzol* entstehen. Da die Isomerisierung vor allem bei der Sulfonierung auftritt, muß unter sehr milden Bedingungen gearbeitet werden. Wichtig ist, daß nur enge Schnitte der Alkylbenzole eingesetzt werden.

Für die Sulfonierung wird das Alkylat in einem Rührbehälter vorgelegt und bei + 10 °C wird unter guter Kühlung Oleum zugegeben. Die Temperatur soll nicht über 25 °C steigen. In 1 bis 2 Stunden kann bei guter Kühlung die Zugabe des Oleums beendet sein. Zur Nachreaktion muß weitere 2 Stunden gerührt werden. Das dunkelbraune Endprodukt besteht aus der Alkylbenzolsulfonsäure, nicht verbrauchter Schwefelsäure und einer kleinen Menge nicht umgesetzten Alkylbenzols.

Die Weiterbehandlung kann nach zwei Methoden erfolgen. Wenn das Endprodukt eine größere Menge Natriumsulfat enthalten darf, wird nur mit Natronlauge neutralisiert und die Lösung, z. B. durch Versprühung, getrocknet. Soll ein konzentriertes Sulfonat gewonnen werden, ist es notwendig, die überschüssige Schwefelsäure zu entfernen. Durch Zugabe von Wasser wird das Reaktionsgemisch so verdünnt, daß eine etwa 70%ige Schwefelsäure entsteht, in der bei 70 °C die Alkylsulfonsäure unlöslich ist. Bei dieser Temperatur müssen die Schichten getrennt werden. Die Sulfonsäure wird anschließend neutralisiert und weiter aufgearbeitet.

Bei der Alkylierung des Benzols mit *Tetrapropen* läßt sich auch Schwefelsäure oder Aluminiumchlorid als Katalysator verwenden. Die Reaktionstemperatur liegt bei beiden Stoffen etwas höher als bei Flußsäure (10 bis 20 °C bei der Schwefelsäure, 35 bis 40 °C beim Aluminiumchlorid).

Oligomere des *Butens* sind für die Alkylierung von Benzol und dessen Homologen nicht oder nur bedingt geeignet, da sie zu stark isomerisiert werden und dabei z. B. *p-Di-tert.-Butylbenzol* liefern [45 a, 45 b].

Aus diesen Rohstoffen werden bereits beträchtliche Mengen Waschmittel hergestellt, denen vorzügliche Wascheigenschaften zukommen. Die Produktion ist in manchen Gebieten so hoch, daß es bereits ein Problem ist, die WAS aus den Abwässsern zu entfernen. Die Alkylbenzolsulfonate haben den Nachteil, daß sie bedeutend schwerer als andere oberflächenaktive Stoffe auf biologischem Wege abgebaut werden.

2.142 Alkylnaphthalinsulfonate

Als *Netz-* und *Textilhilfsmittel* sind verschiedene *Alkylnaphthalinsulfonate* beachtlich verbreitet. Die Ausgangsstoffe sind Substanzen mit verhältnismäßig kleinen Alkylresten, z. B. *Isopropylnaphthalin, Diisopropylnaphthalin, Di-n-butylnaphthalin, Diisobutylnaphthalin,* aber auch C_5-, C_6- und C_7-

Alkylnaphthaline. Naphthaline mit niedermolekularen — meist zwei — Alkylen, geben als Sulfonate gute Netzmittel. Bei Einführung längerer Seitenketten werden Waschrohstoffe erhalten.

Die Alkylierung des Naphthalins läßt sich ähnlich wie beim Benzol durchführen. Da die Alkylierung jedoch leichter abläuft, muß die Reaktion so gelenkt werden, daß möglichst keine *polyalkylierten* Produkte entstehen. Durch Zusatz inerter Lösungsmittel (z. B. von paraffinischen Schwerbenzin aus der Fischer-Tropsch-Synthese) wird die Reaktion gebremst. Man unterscheidet drei Wege zur Alkylierung des Naphthalins:

1. mit Halogenalkanen,
2. mit Olefinen,
3. mit Alkoholen.

2.1421 Alkylierung mit Chloralkanen

Für die Herstellung der Alkylnaphthaline mit längerer Seitenkette werden vorwiegend höhersiedende Kohlenwasserstoffe chloriert und — wie bei der Benzolalkylierung — in Gegenwart von Aluminiumchlorid umgesetzt.

Nach einem von KÖLBEL [46] beschriebenen Verfahren kann die Umsetzung auf folgendem Wege vorgenommen werden: Chloriertes Kogasin (Mepasin) und die zur Monoalkylierung erforderliche Menge Naphthalin werden mit etwa der doppelten Menge einer Schwerbenzinfraktion gemischt. Nach Erwärmen auf 60 bis 100 °C mit einem Friedel-Crafts-Katalysator läuft die Reaktion innerhalb von 15 Minuten ab. Nach der Abtrennung des schlammartigen Katalysators wird das Reaktionsprodukt, um die letzten Katalysatorreste zu entfernen, mit Bleicherde behandelt. Nach der Filtration wird das Lösungsmittel und nicht umgesetztes Naphthalin im Vakuum von dem rohen Alkylnaphthalin abdestilliert. Durch Hochvakuumdestillation wird das Rohprodukt in verschiedene Fraktionen zerlegt, die nach den bereits erwähnten Methoden sulfoniert werden können.

2.1422 *Alkylierung mit Olefinen*

Neben den monomeren niederen Olefinen, wie *Propen*, *Isobuten* und dergleichen, werden auch deren Oligomere oder *Crackolefine* im technischen Maßstab zur Naphthalinalkylierung eingesetzt. Einige bekannte Netzmittel werden aus Dialkylnaphthalinen durch Sulfonierung gewonnen. *Propen* läßt sich leicht mit Hilfe von Aluminiumchlorid nach folgender Gleichung in *Diisopropylnaphthalin* überführen:

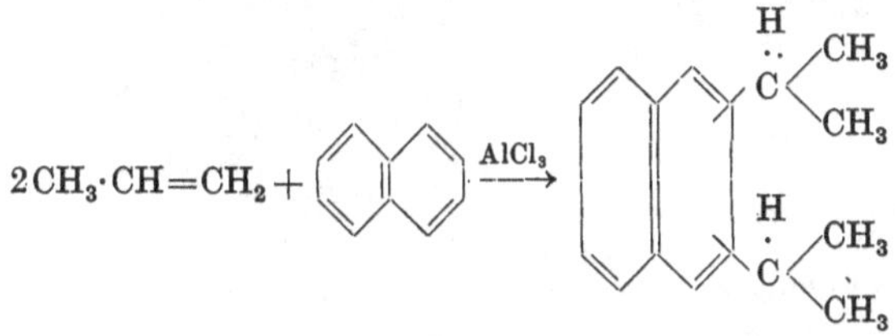

Die Bindung an den Naphthalinring erfolgt am 2. C-Atom des *Propens*, so daß eine *Diisopropyl*verbindung entsteht.

Für die Alkylierung läßt sich auch Schwefelsäure als Katalysator verwenden. Bei hoher Säurekonzentration entsteht als Endprodukt in einem Arbeitsgang die Alkylnaphthalinsulfonsäure:

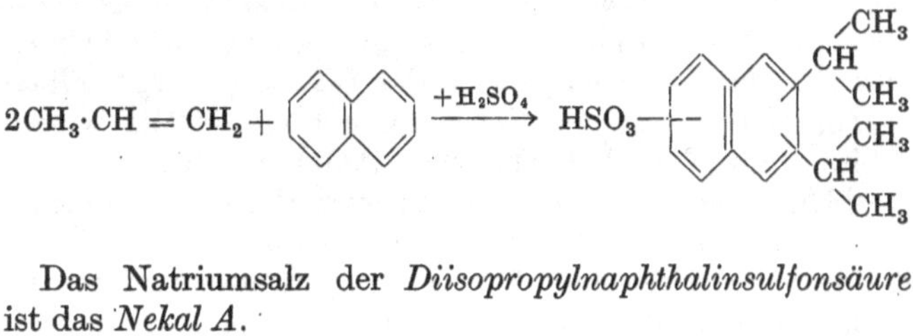

Das Natriumsalz der *Diisopropylnaphthalinsulfonsäure* ist das *Nekal A*.

2.1423 Alkylierung mit Alkoholen

Zweikernige aromatische Kohlenwasserstoffe lassen sich bei Anwesenheit eines wasserentziehenden Mittels, wie Schwefelsäure, in einfacher Weise mit niederen Alkoholen (*Propanole, Butanole*) in die entsprechenden *Alkyl-* bzw. *Dialkylnaphthaline* überführen (GÜNTHER, HETZER [47]):

a) Esterbildung:

$$\begin{matrix} CH_3 \\ \cdot \\ CH\cdot OH \\ \cdot \\ CH_3 \end{matrix} + H_2SO_4 \rightarrow \begin{matrix} CH_3 \\ \cdot \\ CH\cdot O\cdot SO_2\cdot OH \\ \cdot \\ CH_3 \end{matrix} + H_2O$$

b) Alkylierung:

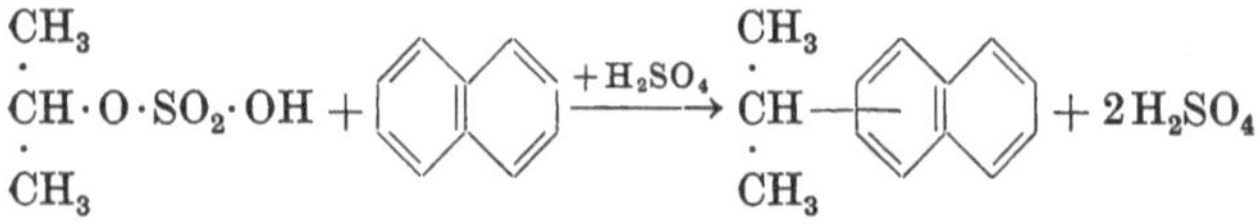

c) Sulfonierung:

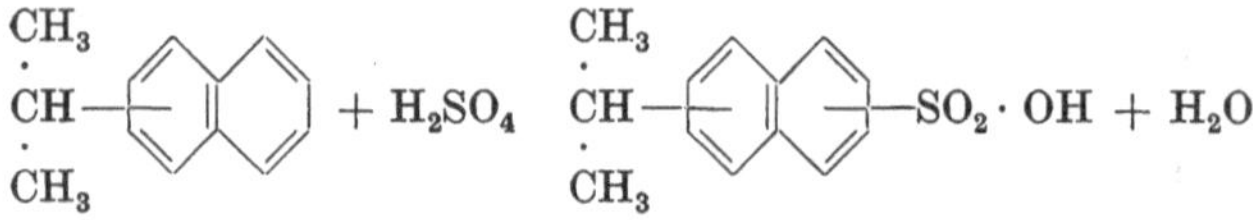

Die beschriebenen Reaktionen laufen in einem Arbeitsgang ab. Nach diesem Verfahren lassen sich die verschiedenen Arten der Nekale gewinnen (*Nekal A*: *Diisopropylnaphthalin; Nekal BX: 2,5fach butyliertes Naphthalinsulfonat; Nekal BX—extra stark: Gemisch aus dem Sulfonat* des *Äthylbutylnaphthalins* und des *Diisopropylnaphthalins*).

Zur Herstellung des *Nekal BX* werden 1000 kg wasserfreies Butanol und 850 kg Naphthalin in einen homogen verbleiten, mit Rührer, Kühlung und Heizung versehenen Behälter gebracht. Bei 25 °C setzt man 1810 kg 96%ige Schwefelsäure zu, ohne daß die Temperatur wesentlich ansteigt. Anschließend werden 2400 kg 24%iges Oleum eingebracht und bei 45 bis 50 °C wird eine halbe Stunde gerührt. Um die Reaktion zu vervollständigen, schließt man eine Nachreaktion von etwa 4 Stunden an. Nach weiteren 8 Stunden Absetzzeit haben sich die Phasen getrennt, so daß die überschüssige Schwefelsäure abgezogen werden kann. Vor der Neutralisation verdünnt man die rohe Sulfonsäure mit 2000 kg Wasser und setzt 1700 kg 50%ige Natronlauge zu. Zur Bleichung rührt man in die Lösung 350 kg Natriumhypochlorit und außerdem 150 kg Natriumsulfat. Das nochmals verdünnte und filtrierte Produkt liefert nach der Trocknung etwa 3350 kg *Nekal BX* [48]. Abbildung 23 zeigt das Schema einer derartigen Anlage.

In ähnlicher Weise lassen sich auch die übrigen *Nekal*-Qualitäten produzieren. Die *Nekale* werden in verschiedenen Industriezweigen für die unterschiedlichsten Zwecke als Netzmittel eingesetzt. Wegen ihres guten Benetzungsvermögens haben diese Produkte eine beachtliche Bedeutung erlangt.

2.143 Verwendung der Alkylarylsulfonate

Die Hauptmenge der *Alkylbenzolsulfonate* mit einem Alkyl von etwa 10 bis 14 C-Atomen wird als *Waschrohstoff* zur Herstellung von Waschmitteln der verschiedensten Art verwendet. Ein großer Teil der im Handel befindlichen Waschmittel enthält als waschaktive Substanz Alkylbenzolsulfonate. Mit anderen oberflächenaktiven Stoffen kombiniert, erhält man weitgehend säurebeständige Mischungen, die auch für saure Wasch- und Färbeprozesse verwendet werden.

Zur Herstellung von Stückseife wurden verschiedentlich Mischungen der echten Seifen mit Alkylarylsulfonaten empfohlen. Derartige Seifenstücke haben gegenüber der reinen Seife einige Vorteile. Durch Zusatz synthetischer Waschrohstoffe zur Seife wird die meist als nachteilig empfundene Schlüpfrigkeit herabgesetzt. Damit gewaschene Textilien lassen sich leichter spülen. Reine Seife läßt sich schwerer

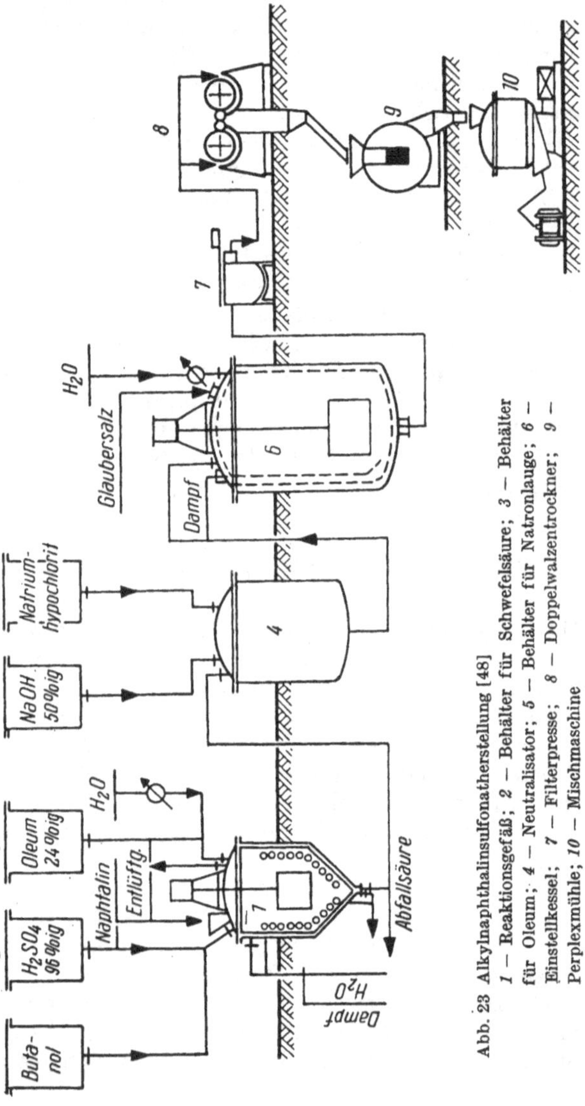

Abb. 23 Alkylnaphthalinsulfonatherstellung [48]

1 – Reaktionsgefäß; *2* – Behälter für Schwefelsäure; *3* – Behälter für Oleum; *4* – Neutralisator; *5* – Behälter für Natronlauge; *6* – Einstellkessel; *7* – Filterpresse; *8* – Doppelwalzentrockner; *9* – Perplexmühle; *10* – Mischmaschine

aus den Geweben entfernen. Viele Produkte sind gegen hartes Wasser und sogar gegen Seewasser sehr beständig. Eine verschiedentlich vorkommende Zusammensetzung solcher Kombinationen zeigt nachstehendes Beispiel:

Kokosfettsäure	360	Teile
Alkylarylsulfonat	400	„
Wasser	50	„
Natronlauge (38%ig)	188	„

Der Wassergehalt solcher Stückseifen liegt bei 20 bis 22%. Die Grenzen müssen möglichst genau eingehalten werden, da bei zu geringem Wassergehalt die Seife zu fest und bei hohem Gehalt zu weich wird. Der Stückseife für die Körperreinigung mengt man zumeist noch hautschonende Stoffe bei, die bereits bei den Feinseifen als Überfettungsmittel erwähnt wurden.

Rein synthetische Körperreinigungsmittel auf Alkylarylsulfonat-Basis in Stückform treten selten auf. Sie enthalten dann neben den eigentlichen Waschrohstoffen *Plastifizierungsmittel* und wesentliche Mengen an *Hautschutzmitteln* (*Sojalecithin* u. a.). Als Plastifizierungsmittel werden verschiedene *Cellulosederivate* und Polymerisationsprodukte des *Äthylens* und anderer *Alkene* eingesetzt. Durch Zusatz weißer Pigmente können die gelben Produkte aufgehellt werden.

Verschiedentlich wurde festgestellt, daß die Alkylarylsulfonate beachtliche *desodorisierende* Wirkungen zeigen. Weiterhin haben die Alkylarylsulfonate die Eigenschaft, verschiedene Arten von Mikroorganismen weitgehend abzutöten. Einige Bakterienarten werden — nach FLETT [49] — bei einer Konzentration von 1:500 und einem pH-Wert von 2 bis 11,9 bei 37 °C in 5 Minuten bis zu 99% durch Alkylarylsulfonate abgetötet. Auch die *insektizide* Wirkung dieser Verbindungen wurde wiederholt festgestellt. Sie wirken als *Magen-* und *Kontaktgifte.* Die Wirkung ist bei den verschiedenen Insektenarten unterschiedlich.

Da unter ungünstigen Bedingungen eine hautschädigende Wirkung eintreten kann, wenn Waschmittel auf Sulfonatbasis zur Körperreinigung verwendet werden, muß man darauf achten, daß solche Produkte hautschonende Stoffe enthalten.

Abbildung 23 a zeigt rein schematisch die Herstellungsgänge einiger WAS aus den Produkten der Fischer-Tropsch-Synthese.

2.15 *Sulfobernsteinsäureester*

Zu den Sulfonaten der Polycarbonsäureester zählen jene Verbindungen, die als hochwertige Netzmittel unter dem Namen *Aerosole* in den USA weite Verbreitung gefunden haben. Bereits 1933 wurden sie entdeckt und durch weitere Entwicklungen bedeutend verbessert [50].

Als Ausgangsstoff verwendet man *Maleinsäureanhydrid*, das durch Behandlung mit *nieder-* oder *höhermolekularen Alkoholen* in die entsprechenden Ester überführt wird. An der Doppelbindung des Maleinsäureanhydrids läßt sich eine Sulfogruppe einführen. Rein formelmäßig ist nachstehender Weg möglich:

$$\begin{array}{l} HC\cdot CO \\ \;\Vert \\ HC\cdot CO \end{array}\!\!\!>\!O + 2R\cdot OH \rightarrow \begin{array}{l} HC\cdot COOR \\ \;\Vert \\ HC\cdot COOR \end{array} + H_2O$$

$$\begin{array}{l} HC\cdot COOR \\ \;\Vert \\ HC\cdot COOR \end{array} + NaHSO_3 \rightarrow \begin{array}{l} H_2C\cdot COOR \\ \;\;\cdot \\ \;HC\cdot COOR \\ \;\;\cdot \\ \;SO_3Na \end{array}$$

Durch Variation der Alkohole lassen sich die Eigenschaften der Verbindungen verändern, so daß man Netzmittel der unterschiedlichsten Qualität erhalten kann. Einige Vertreter der Sulfobernsteinsäureester werden als beste der zur Zeit bekannten Netzmittel angesehen. Die *Aerosole* kann man

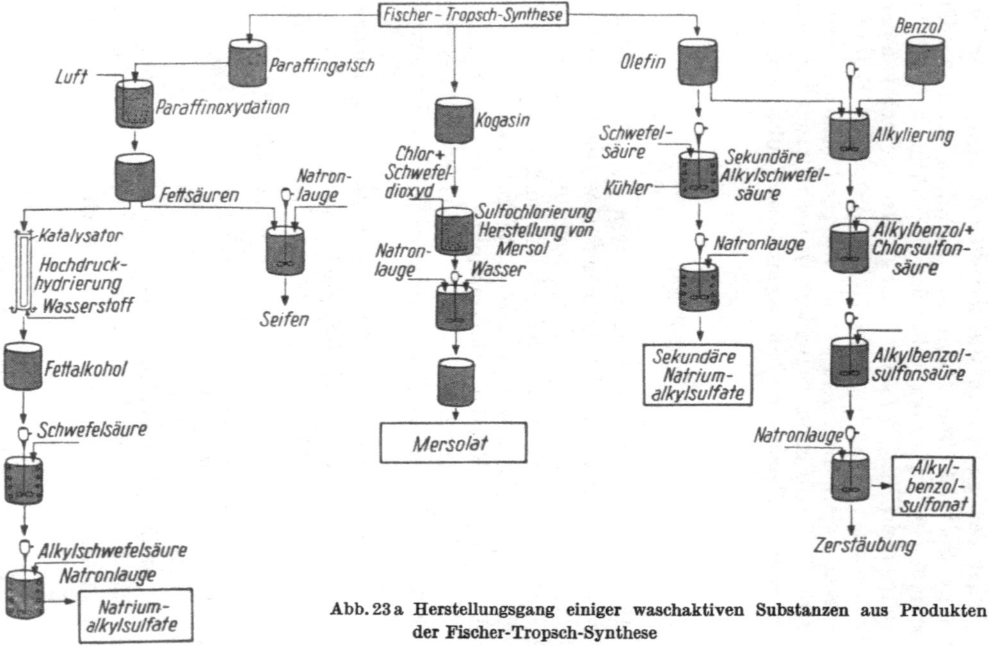

Abb. 23a Herstellungsgang einiger waschaktiven Substanzen aus Produkten der Fischer-Tropsch-Synthese

in neutraler, alkalischer und saurer wäßriger Lösung zur Textilveredlung benutzen.

Außer den genannten *Sulfobernsteinsäureestern* wurden weitere *Sulfonate* von *Polycarbonsäureestern* bekannt, die ebenfalls eine gute oberflächenaktive Wirkung zeigen. Zu erwähnen sind die *Sulfotricarbonsäureester*, die sich von der *Citronensäure* ableiten und einfache *aromatische Dicarbonsäureester* wie z. B. *Dihexyl-* und *Dioctylsulfophthalat*. Derartige Produkte sollen vereinzelt hergestellt werden und annehmbare Wasch- und Netzeigenschaften aufweisen.

2.16 Fettsäurekondensationsprodukte

In verschiedenen Ländern erlangten die *Fettsäurekondensationsprodukte* als Waschrohstoffe eine beachtliche Bedeutung. Sie wurden unter den verschiedensten Namen in den Handel gebracht. In Deutschland sind sie unter dem Namen *Igepon*, *Lamepon* oder *Medialan* bekannt.

Der Begriff Kondensationsprodukte ist nur bedingt richtig. Man kennzeichnet damit synthetische WAS der allgemeinen Formel R·COX, wobei R·CO- einen Fettsäurerest und X eine lösungsvermittelnde Gruppe darstellt. Die lösungsvermittelnde Gruppe ist zumeist eine, an ein kleineres Molekül gebundene Sulfo-($-SO_3Me$), seltener eine Sulfatgruppe ($-O \cdot SO_3Me$).

2.161 Acylestersulfonate

Die wichtigsten Verbindungen dieser Gruppe sind die mit der *Isäthionsäure* kondensierten Fettsäurechloride. Die Umsetzung der Komponenten kann nach folgender Formel erfolgen:

$$R \cdot CO \cdot Cl + HO \cdot CH_2CH_2 \cdot SO_3Na \rightarrow$$
$$\rightarrow R \cdot COO \cdot CH_2CH_2 \cdot SO_3Na + HCl$$

Eine weitere Möglichkeit, *Acylestersulfonate* darzustellen, besteht darin, freie Fettsäuren mit *Carbylsulfat* zu behandeln:

$$\begin{array}{l} R\cdot COOH + \begin{array}{cc} CH_2 & CH_2 \\ \cdot & \cdot \\ O & SO_2 \\ \cdot & \cdot \\ O_2S & \cdot\; O \end{array} \xrightarrow[+H_2O]{} R\cdot COO\cdot CH_2CH_2\cdot SO_3Na + H_2SO_4 \end{array}$$

Auch die Reaktion wasserfreier Seifen mit den *chloräthansulfonsauren* Salzen führt zur Bildung der *Acylestersulfonate*:

$$R\cdot COONa + Cl\cdot CH_2CH_2\cdot SO_3Na \rightarrow$$
$$\rightarrow R\cdot COO\cdot CH_2CH_2\cdot SO_3Na + NaCl$$

Ausgangsmaterial für die Synthese ist häufig Ölsäure, die man in Form ihres Chlorides zur Kondensation einsetzt. Das Ölsäurechlorid wird nach dem Höchster-Verfahren mit Phosphortrichlorid hergestellt. In großen verbleiten Reaktionsgefäßen wird die Ölsäure bei 50 bis 55 °C mit Phosphortrichlorid in das Ölsäurechlorid überführt, wobei langsam gerührt wird:

$$3\,C_{17}H_{33}COOH + PCl_3 \rightarrow 3\,C_{17}H_{33}COCl + H_3PO_3$$

In gleicher Weise lassen sich die gesättigten Fettsäuren des Kokos- und Palmkernöles chlorieren und zur Herstellung der Fettsäurekondensationsprodukte einsetzen.

Die Kondensation kann in verhältnismäßig einfacher Form vorgenommen werden: In einem angewärmten Reaktionsgefäß vermischt man allmählich unter Rühren 185 kg *isäthionsaures* Natrium mit 316 kg *Ölsäurechlorid*. Nach 10 bis 15 Minuten beginnt die auf 100 °C erwärmte Mischung lebhaft zu reagieren, wobei die Temperatur auf etwa 110 °C ansteigt und Chlorwasserstoffentwicklung einsetzt. Während der Umsetzung wird die anfangs sirupartige Masse fest und krümelig und bildet zum Schluß ein grobes Pulver. Zur Neutralisation der letzten Säurereste setzt man etwa 10 kg

Soda zu. Die Ausbeute beträgt ca. 460 kg *Igepon AP*, dessen Konzentration durch Zusatz von Natriumsulfat herabgesetzt wird.

In Waschmitteln wird es zuweilen allein oder in Verbindung mit anderen waschaktiven Stoffen als WAS eingesetzt und zeigt neben guter Schaumwirkung ein beachtliches Waschvermögen. Das *Igepon AP* ist heute vielfach durch widerstandsfähigere Produkte verdrängt worden, z. B. durch das *Igepon T*, einem *Acylmethyltaurid*, das gegen hartes Wasser beständiger ist.

2.162 Acylamidsulfonate

Setzt man das Natriumsalz des *Methyltaurins* ($CH_3 \cdot NH \cdot CH_2CH_2 \cdot SO_3Na$) mit *Fettsäurechloriden* um, so gelangt man zu Verbindungen, die infolge ihrer -C-N-C-Bindung viel stabiler als die besprochenen Acylestersulfonate mit der -C-O-C-Bindung sind. Trotz des höheren Preises zieht man das *Methyltaurin* dem *Taurin* vor, da seine Kondensationsprodukte stabiler und außerdem bessere Wasch- und Netzeigenschaften aufweisen.

Die unter dem Namen *Igepon T* auf den Markt gebrachten Produkte werden ebenfalls vor allem aus dem Chlorid der Ölsäure hergestellt.

$$R \cdot CO \cdot Cl + NH \cdot (CH_3)CH_2CH_2 \cdot SO_3Na \rightarrow$$
$$\rightarrow R \cdot CO \cdot N \cdot (CH_3)CH_2CH_2 \cdot SO_3Na + HCl$$

Das *Methyltaurin* wird nach einem Verfahren der BASF [51] kontinuierlich aus dem Natriumsalz der *Isäthionsäure* und dem *Methylamin* in guter Ausbeute erhalten:

$$HO \cdot CH_2CH_2 \cdot SO_3Na + CH_3NH_2 \rightarrow$$
$$\rightarrow CH_3 \cdot NH \cdot CH_2CH_2 \cdot SO_3Na + H_2O$$

Bei Anwesenheit von Wasser und einem Überschuß an Methylamin werden die Komponenten bei etwa 80 $kp \cdot cm^{-2}$ und 200 bis 300 °C durch ein Druckgefäß gesetzt.

Die Kondensation des *Ölsäurechlorides* mit dem *Methyltaurin* läßt sich in rostfreien Stahlgefäßen durchführen. Es wird soviel Methyltaurinlösung, Kochsalz und Wasser vorgelegt, daß eine 10%ige Methyltaurinlösung entsteht, in die bei 24 bis 30 °C Ölsäurechlorid und Ätznatron eingetragen werden. Das Reaktionsgemisch muß stets alkalisch bleiben. Zur Vervollständigung der Umsetzung wird nach beendeter Zugabe auf 50 °C erwärmt und die Lösung mit Salzsäure auf einen pH-Wert von 7,2 bis 7,5 eingestellt. Durch Zerstäubung oder Walzentrocknung wird ein festes Produkt erhalten, dessen Gehalt an WAS bei 33 bis 35% liegt.

Statt des Ölsäurechlorides kann man auch das *Myristin-* oder das *Palmitinsäurechlorid* mit dem *Methyltaurin* kondensieren. Derartige Produkte sollen vor allem bei höheren Waschtemperaturen eine hervorragende Waschwirkung aufweisen.

2.163 Alkylolaminkondensate

Die Ausgangsstoffe für diese Substanzen sind das *Monoäthanolamin* und die bereits mehrfach erwähnten Fettsäurechloride:

$$R \cdot CO \cdot Cl + NH_2 \cdot CH_2CH_2 \cdot OH \rightarrow R \cdot CO \cdot NH \cdot CH_2CH_2OH + HCl$$

Nach der Kondensation werden die Verbindungen sulfiert und liefern eine Reihe guter Wasch- und Reinigungsmittel. An die Stelle des *Monoäthanolamins* können auch geeignete andere Komponenten treten. Solche Produkte sollen in ihren Eigenschaften den echten Seifen sehr ähnlich sein. Im Gegensatz zu den *Acylester-* und *Acylamidsulfonaten* haben wir es hier mit Schwefelsäureestern zu tun. Nach SCHWARTZ und PERRY [52], sind die *Acyläthanolaminsulfate* stark schäumende Waschmittel, die in ihrer Wirkung den entsprechenden Alkylsulfaten gleichkommen.

Durch Erhitzen der Fettsäure mit *Monoäthanolamin* auf 170 bis 180 °C entsteht das *Fettsäureamid* unter Austritt von einem Mol Reaktionswasser. Das Amid läßt sich bei Temperaturen unterhalb 30 °C mit Schwefelsäure leicht verestern. In vielen Fällen wird zur Sulfierung ein Gemisch aus 81,8 Teilen *Harnstoff*, 62 Teilen *Formamid* und 310 Teilen *Chlorsulfonsäure* verwendet. Das Gemisch muß unter guter Kühlung hergestellt werden; die Temperatur darf 30 °C nicht überschreiten. Als mildes Sulfierungsmittel verestert es bevorzugt die Hydroxylgruppe, während die Doppelbindung, z. B. der Ölsäure, nicht angegriffen wird.

Soll die Sulfierung des Kondensationsproduktes vermieden werden, kann das Fettsäurechlorid mit dem Schwefelsäureester des Monoäthanolamins in Anwesenheit von Natronlauge umgesetzt werden [53]:

$$R\cdot CO\cdot Cl + H_2N\cdot CH_2CH_2\cdot O\cdot SO_3Na + NaOH \rightarrow$$
$$\rightarrow R\cdot CO\cdot NH\cdot CH_2CH_2\cdot O\cdot SO_3Na + H_2O + NaCl$$

Leider sind die Alkylolaminkondensate nicht sehr widerstandsfähig, sie lassen sich leicht durch Hydrolyse aufspalten. Schon geringe Mengen der hydrolysierten Substanz genügen, um die Wirksamkeit beträchtlich herabzusetzen.

Während des Krieges wurde das *Igepon C* aus *Ölsäure* und *Monoäthanolamin* auf folgendem Wege hergestellt: 1500 kg *Ölsäure* und 380 kg *Monoäthanolamin* wurden in emaillierten Kesseln unter Normaldruck auf 160 °C erhitzt und 6 Stunden bei dieser Temperatur gehalten. Um die Reaktion zu vervollständigen, bleibt das Produkt weitere 6 Stunden unter einem Vakuum von 100 bis 200 mm stehen. Die Sulfierung erfolgt wie beschrieben.

Außer dem *Igepon C* ist das *Igepon B*, der Schwefelsäureester des Natriumsalzes von *N-Oleyl-3-hydroxybutylamid*,

$$R\cdot CO\cdot NH\cdot CH_2CH_2\cdot CH\cdot (CH_3)\cdot O\cdot SO_3Na$$

von einiger Bedeutung gewesen. *Igepon B* wurde als Textilhilfsmittel zum Waschen und Entfetten von Wolle, zur

Entbastung der Seide usw. benutzt. Seiner Instabilität wegen ist der Verbrauch stark zurückgegangen. Um es herzustellen, behandelt man 322 Teile *Ölsäure* mit 110,5 Teilen *3-Hydroxy-1-aminobutan* in der gleichen Weise wie bei der Herstellung des *Igepon C*.

Durch neuere stabile waschaktive Substanzen ist die Bedeutung der Alkylolaminkondensate stark zurückgegangen.

2.164 Fettsäure-Eiweiß-Kondensate

Fettsäure-Eiweiß-Kondensate entstehen durch die Einwirkung verschiedener *höhermolekularer* Fettsäurechloride auf abgebaute *Eiweißstoffe:*

$$R\cdot CO\cdot Cl + H_2N\cdot R_1(CO\cdot NH\cdot R_2)_x\cdot COONa + NaOH \rightarrow$$
$$\rightarrow R\cdot CO\cdot NH\cdot R_1(CO\cdot NH\cdot R_2)_x\cdot COONa + H_2O + NaCl$$

R_1 und R_2 sind Alkylreste der Eiweißabbauprodukte. Infolge der mehrfach vorhandenen -CO·NH-Gruppe werden die endständigen -COOH-Gruppen blockiert. Die abgebauten Eiweißstoffe enthalten drei bis sechs Aminogruppen im Molekül und bestehen vorwiegend aus *Lysalbinsäure* $[H_2N\cdot R_1(CO\cdot NH\cdot R_2)_xCOOH]$.

Die *Polypeptide* kann man aus Chromlederabfällen gewinnen. In eisernen Kesseln werden die Abfälle mit Wasser und Kalk bei 110 bis 115 °C und unter 2 kp·cm^{-2} Druck zwei Stunden lang erhitzt. Nach der Umsetzung wird die Lösung in Holzgefäße filtriert und darin eingeengt. Die eingeengte kalkfreie Lösung kann zur Kondensation eingesetzt werden. Bei 40 °C erfolgte in den Holzbottichen, die mit Heizschlangen versehen sind, die Kondensation. Man läßt das *Ölsäurechlorid* in die alkalische *Polypeptidlösung* einlaufen; die freiwerdende Salzsäure wird sofort gebunden. Durch die alkalische Lösung sind während der Reaktion etwa 20% des Säurechlorides verseift worden. Das Kalisalz des gereinigten Produktes kommt als *Lamepon* in den Handel. *Lamepon A* ist das Kondensationsprodukt mit Ölsäure.

In neuerer Zeit wurden auch verschiedene andere Eiweißstoffe durch Aufschluß mit Laugen abgebaut. Hierzu eignen sich vor allem *Casein* und *Horn*. Die Entwicklung auf diesem Gebiet ist noch nicht abgeschlossen.

2.165 Verschiedene Fettsäurekondensate

Neben den bisher aufgeführten Fettsäurekondensationsprodukten existieren noch einige weniger bedeutende Gruppen, die kurz erwähnt werden sollen.

Die *Imidazolderivate* leiten sich von einem aromatischen Diamin und einer höhermolekularen Carbonsäure ab. Bekannt sind die durch Kondensation von *o-Phenylendiamin* mit *Fettsäuren* entstehenden *Benzimidazole:*

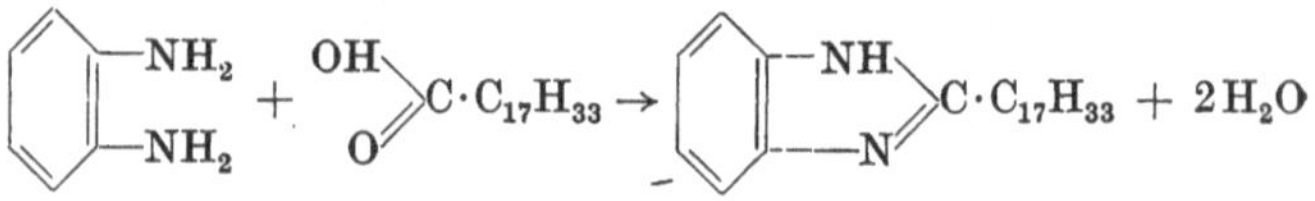

Mit Schwefelsäure oder Oleum bilden sich die aromatischen Sulfonsäuren:

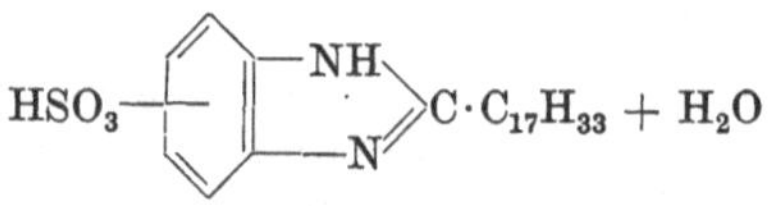

Unter dem Namen *Ultravon K* kommt das mit *Stearinsäure* kondensierte *o-Phenylendiamin* in den Handel.

Eine weitere Gruppe sind die *Sarcosidkondensate*, die sich aus dem *Sarcosin* ($CH_3 \cdot NH \cdot CH_2COOH$) mit Fettsäurechloriden nach Hoyt [54] gewinnen lassen.

Sarcosin wird aus *Natriummonochloracetat* und *Methylamin* gewonnen:

$$Cl \cdot CH_2 \cdot COONa + CH_3NH_2 \rightarrow CH_3 \cdot NH \cdot CH_2COONa + HCl$$

Bei 25 bis 30 °C wirkt Natronlauge in einem Kupferkessel unter Rühren auf Monochloressigsäure ein, um die Carboxylgruppe zu neutralisieren. Mit einer 2%igen Methylaminlösung wird bei 1,8 kp·cm^{-2} Druck und 75 bis 80 °C in etwa 10 Stunden die Sarcosinbildung erreicht. Das überschüssige Methylamin wird abdestilliert und aus der abgekühlten Lösung das Sarcosin abgetrennt.

Zur Kondensation mischt man das *Sarcosinsalz* mit Natronlauge und läßt unter Rühren bei 50 °C das *Ölsäurechlorid* zufließen. Die alkalische Lösung wird neutralisiert und mit Natriumsulfat auf den gewünschten Gehalt an oberflächenaktiver Substanz eingestellt. Die *Acylsarcoside* sollen sich vor allem als hautschonende Waschmittel bewährt haben.

Neben den aufgeführten Fettsäurekondensationsprodukten könnte man noch weitere Verbindungen aufzählen, die durch Kondensation von Fettsäuren oder deren Chloriden mit verschiedenen anderen Stoffen entstehen und oberflächenaktive Wirkung zeigen. Abbildung 24 gibt einen Überblick über die bekanntesten Fettsäurekondensationsprodukte (nach STÜPEL [55]).

2.17 Seltenere anionaktive hydrophile Gruppen

Die bisher besprochenen oberflächenaktiven Substanzen enthielten die Carboxylgruppe (-COOH) sowie die direkt-(-SO_3H) und die esterartiggebundene (-O · SO_3H) Sulfogruppe, welche den anionaktiven Charakter der Verbindungen bestimmen und ihre hydrophile Eigenschaft verursachen. In einigen Fällen treten die hydrophilen Gruppen (-COOH, -O · SO_3H) in einem Molekül gemeinsam auf und ergeben eine besonders ausgeprägte hydrophile Wirkung.

Neben diesen Gruppen findet man vereinzelt andere Säurereste mit mehr oder weniger starker hydrophiler Wirkung. Die Eigenschaften (Waschwirkung, Dispergiervermögen, Schaumbildung) derartiger oberflächenaktiver Substanzen lassen sich in manchen Fällen mit den handelsüblichen Produkten durchaus

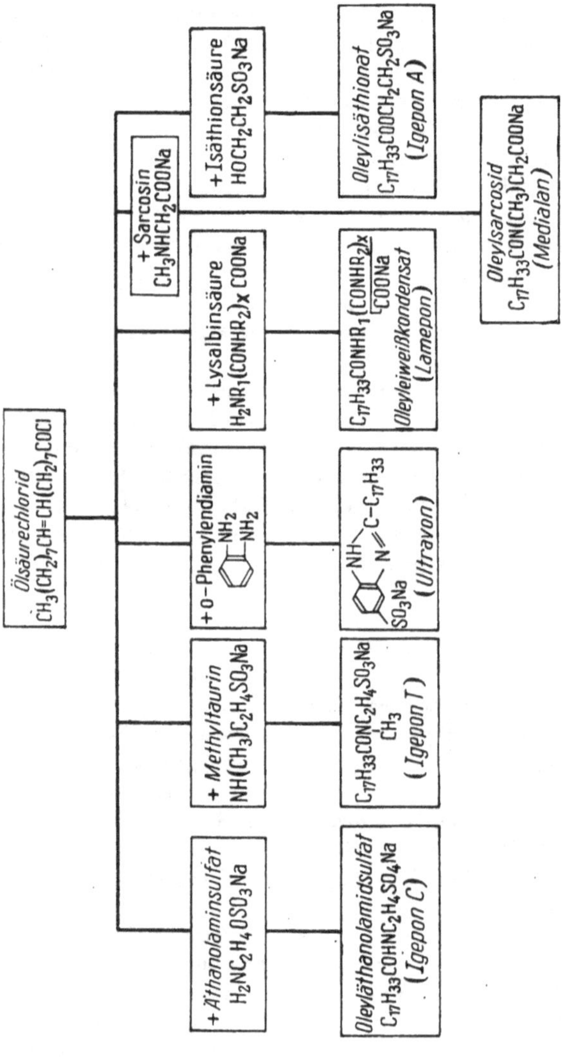

Abb. 24 Schema der Fettsäurekondensationsprodukte nach STÜPEL [55]

vergleichen. Leider ist die Herstellung in den meisten Fällen komplizierter und deshalb auch teurer. Im Handel sind sie seltener zu finden, da es sich meistens um Spezialprodukte handelt.

Folgende Gruppen hydrophiler Säurereste gehören zu dieser Kategorie:

Schwefelhaltige Säuren:
- Sulfinsäuren,
- weitere Schwefelsauerstoffsäuren,
- Sulfaminsäuren.

Phosphorhaltige Säuren:
- Phosphate,
- Phosphite,
- Phosphonate,
- Phosphinate.

Sulfinsäuren und ihre Salze

In der Literatur werden höhermolekulare Sulfinate mit einem aliphatischen oder cycloaliphatischen Alkylrest als Seifenersatzstoffe beschrieben (HENKEL u. CIE. [56]).

Aus höhermolekularen Sulfochloriden lassen sich in nachstehender Weise die Sulfinate darstellen: Bei 60 °C werden in 120 Teilen einer Kochsalzlösung 24 Teile Zinkstaub suspendiert und dazu 20 Teile *Dodecansulfochlorid* gegeben. Nach mehrstündigem Rühren bei etwa 60 °C hat sich ein Niederschlag aus *dodecansulfinsaurem Zink* gebildet, der abgesaugt, ausgewaschen und mit Sodalösung in das Natriumsalz umgewandelt wird. In ähnlicher Weise lassen sich die Alkylarylsulfonate zu den entsprechenden Sulfinaten reduzieren.

Alkylsulfinate und Alkylarylsulfinate kämen eventuell als Seifenaustauschstoffe in Frage.

Verbindungen anderer Schwefelsauerstoffsäuren

Durch Einwirkung von *Natriumthiosulfat* auf höhere *Alkylhalogenide* entstehen *Alkylthiosulfate.* Auch andere Verbindungen mit einem reaktionsfähigen Chloratom, wie *Alkylchlormethyläther*,

Alkylchloressigsäure und *Chloracetamide*, geben mit trockenem Thiosulfat entsprechende Verbindungen.

Erhitzt man z. B. 262 Teile *Dodecylchloressigsäure* längere Zeit mit der gleichen Menge trockenen Natriumthiosulfates, so bildet sich ein *Dodecylglykolsäurethiosulfat*, welches ein starkes Schaumvermögen aufweist (HENKEL u. CIE. [57]).

In ähnlicher Weise lassen sich aus Alkylhalogeniden mit *Hydrosulfiten* die *Alkylhydrosulfite* gewinnen.

Höhere *Alkylpersulfate* lassen sich nach einem Verfahren von BERTSCH [58] aus höheren *Fettalkoholen* oder *Olefinen* mit *Perschwefelsäure* herstellen. Für die *Alkylperschwefelsäure* wird nachstehende Formel angegeben:

$$R \cdot O \cdot SO_2 \cdot O \cdot O \cdot SO_2 \cdot OH$$

Die entsprechenden *Alkylpersulfate* können durch Qxydation höherer Alkylsulfate mit geeigneten Peroxyden, wie Wasserstoffperoxyd oder Natriumperoxyd, erhalten werden. Diesen Verbindungen wird außer der oberflächenaktiven Wirkung ein gewisses Bleichvermögen zugesprochen.

Sulfaminsäuren

Nach den U. S. P. Nr. 2108886 und 2108887 [59] lassen sich aus *Alkylaminen* und aus *Fettsäureamiden* durch Umsetzung mit Chlorsulfonsäure in Pyridin höhere Sulfaminsäuren darstellen:

a) $$R \cdot NH_2 + Cl \cdot SO_3H \rightarrow R \cdot NH \cdot SO_3H + HCl$$

b) $$R \cdot CO \cdot NH_2 + Cl \cdot SO_3H \rightarrow R \cdot CO \cdot NH \cdot SO_3H + HCl$$

Zur Durchführung der Umsetzung können 50 Teile *Palmitinsäureamid* in 100 Teilen *Pyridin* gelöst werden. Zu der Lösung gibt man bei 75°C eine Mischung von 24 Teilen Chlorsulfonsäure in 75 Teilen *Pyridin*. Nach beendeter Reaktion wird das Gemisch in 500 Teile Wasser gegeben und mit verdünnter Natronlauge neutralisiert. Dabei fällt das *sulfaminsaure Natrium* aus.

Auch höhere sekundäre Amine lassen sich nach dieser Methode in Sulfaminsäuren überführen.

Durch Behandlung von *Alkylhalogeniden* mit *Amidosulfonsäure* werden ebenfalls *Sulfaminsäuren* erhalten:

$$R \cdot Cl + H_2N \cdot SO_3H \rightarrow R \cdot NH \cdot SO_3H + HCl$$

Die Alkalisalze der Sulfaminsäuren sind grenzflächenaktiv.

Höhere Phosphate und Phosphite

Aus Fettalkoholen mit zwölf und mehr C-Atomen lassen sich mit *Phosphorpentoxyd* oder *Phosphoroxychlorid* *Alkylphosphate* folgender Art herstellen:

a) 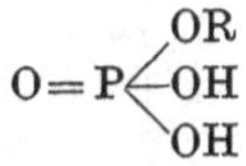

Monoalkylphosphat

b) 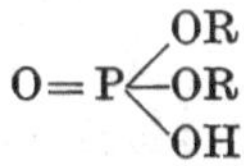

Dialkylphosphat

Derartige Ester sollen sehr oberflächenaktiv sein und sich als Textilhilfsmittel gut eignen [60].

Auch *Alkylpyrophosphate* wurden bekannt, die aus höhermolekularen *Alkylsulfaten* durch Umsetzung mit *Natriumpyrophosphat* erhalten werden können. Durch Behandlung von Fettalkoholen mit Pyrophosphorsäure bei 90 °C und anschließende Neutralisation können ebenfalls *Alkylpyrophosphate* dargestellt werden. Oxydiert man die Alkylpyrophosphate unter geeigneten Bedingungen mit Wasserstoffperoxyd, so entstehen die entsprechenden *Perpyrophosphate*, die in wäßriger Lösung ein stabilisiertes Wasserstoffperoxyd liefern und gleichzeitig eine reinigende Wirkung besitzen. Nach CHWALA [61] ist das *Ondal* der Böhme Fettchemie GmbH ein *Alkylperpyrophosphat*. Diese Verbindungen haben ein gewisses wirtschaftliches Interesse gefunden und werden in kleinerem Umfang hergestellt.

Alkylpyrophosphate lassen sich darstellen, indem man 400 Teile Kokosfettalkohol mit 180 Teilen reiner Pyrophosphorsäure bei 100 bis 110 °C verseift und anschließend mit Natronlauge neutralisiert. Nach der Umkristallisation aus Alkohol und Äther wird das feste Produkt (664 Gew.-Teile) mit 215 Volumenteilen Wasserstoffperoxyd (40%ig) angeteigt und unter Zugabe von 50 Volumenteilen Alkohol bei 40 °C gelöst. Das entstandene Anlagerungsprodukt enthält auf 1 Mol Alkylpyrophosphat 2,5 Mol Wasserstoffperoxyd.

Die ***Ester*** der ***phosphorigen Säure*** sind aus Alkoholen und Phosphortrichlorid nach ähnlichen Verfahren wie die Ester der Phosphorsäure zu gewinnen. Das nicht umgesetzte Chlor wird durch schonende Verseifung abgespalten. Die *Alkylphosphite* zeigen nach der Neutralisation ein verhältnismäßig gutes Wasch- und Schmutztragevermögen.

Phosphonate, Phosphinate

Von weitaus geringerer Bedeutung sind die *Alkylphosphonate* und die *-phosphinate*. Interessant an diesen Verbindungen ist die direkte Bindung des Phosphors an den Kohlenstoff, ähnlich wie bei den Sulfonsäuren:

a) 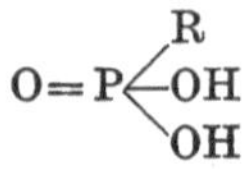

Monoalkylphosphonat

b) 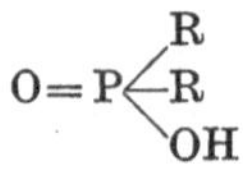

Dialkylphosphonate

Die Verbindungen zeigen oberflächenaktive Eigenschaften, wurden aber bisher wohl nur im Laboratorium synthetisiert. Die Substanzen sollen ausgesprochen seifenähnlichen Charakter besitzen.

2.2 *Nichtionogene oberflächenaktive Verbindungen (Nonionics)*

Seit einigen Jahren gewinnen *nichtionogene* oder *ioninaktive* Verbindungen mehr und mehr an Bedeutung. Von den *anionaktiven Kolloid*elektrolyten unterscheiden sie sich durch das Fehlen einer, der Substanz Elektrolytnatur verleihenden, salzbildenden Gruppe. Die hydrophilen Eigenschaften dieser Stoffe rühren meist von weniger aktiven Gruppen her, wie z. B. von der *Hydroxylgruppe* (-OH), der *Ätherbindung* (-C-O-C-), der *Amidgruppe* ($-CO\cdot NH_2$) usw. Derartige Gruppen treten in *Zuckern*, *Zuckeralkoholen*, *Polyäthern* und ähnlichen Verbindungen auf. Durch Kondensation von *Fettsäuren*, *Fettalkoholen*, *Aminen* oder *Amiden* mit den genannten Verbindungen lassen sich nichtionogene oberflächenaktive Substanzen herstellen.

In neuerer Zeit ist man nach WURZSCHMITT [62] dazu übergegangen, z. B. die Polyalkylenoxydaddukte zu den *kationaktiven* Verbindungen zu zählen. Sie bilden in wäßriger Lösung positiv geladene *Oxoniumionen* und werden als *Polyoxoniumverbindungen* angesehen (s. S. 158).

Eine kurze Übersicht soll über die Möglichkeiten zu Synthese der nichtionogenen Stoffe informieren. Aus einer Vielzahl möglicher Verbindungen sind als wichtigste Gruppen zu nennen:

1. Äthylenoxydadditionsprodukte (Polyglykoläther),
2. substituierte Polyalkohole,
3. substituierte Polyamine.

1. Die aktiven Wasserstoffatome der Fettalkohole, Alkylphenole, Fettsäuren und Amide reagieren mit Äthylenoxyd nach folgenden Gleichungen.

1.1 Fettalkohole:

$$R\cdot OH + (\underset{\diagdown\; O \;\diagup}{CH_2-CH_2})_n \rightarrow R\cdot O(CH_2CH_2O)_n\cdot H$$

Alkylpolyglykoläther

1.2 Alkylphenole:

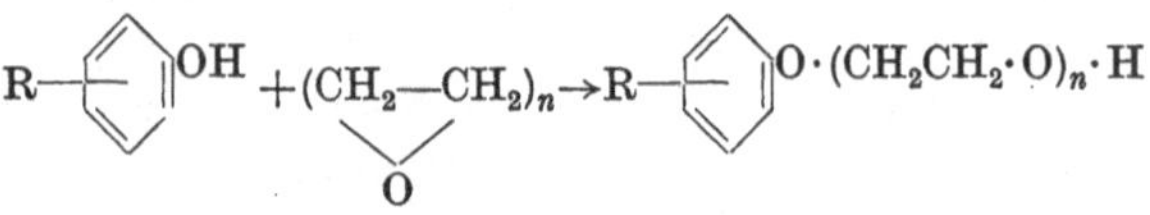

Alkylphenylpolyglykoläther

Auch die Alkylnaphthole setzen sich zu den entsprechenden Kondensationsprodukten des Äthylenoxyds um.

1.3 Fettsäuren:

$$R\cdot COOH + (\underset{O}{CH_2{-}CH_2})_n \rightarrow R\cdot COO\cdot(CH_2CH_2\cdot O)_n\cdot H$$

Acylpolyglykoläther

1.4 Amide. Es lassen sich drei Typen unterscheiden.

a) Amide der Fettsäuren:

$$R\cdot CO\cdot NH_2 + (\underset{O}{CH_2{-}CH_2})_n \rightarrow$$

$$\rightarrow R\cdot CO\cdot NH(CH_2CH_2O)_n\cdot H$$

b) Amide der Alkylsulfonsäuren:

$$R\cdot SO_2NH_2 + (\underset{O}{CH_2{-}CH_2})_n \rightarrow$$

$$\rightarrow R\cdot SO_2NH\cdot(CH_2CH_2\cdot O)_n\cdot H$$

c) Amide der Alkylbenzolsulfonsäuren:

$$R\cdot C_6H_4\cdot SO_2NH_2 + (\underset{O}{CH_2{-}CH_2})_n \rightarrow$$

$$\rightarrow R\cdot C_6H_4\cdot SO_2NH(CH_2CH_2\cdot O)_n\cdot H$$

2. Aus *Glykosiden* lassen sich mit Fettalkoholen oder Fettsäuren alkylierte oder acylierte Produkte erhalten.

2.1 Acylierte *Anhydrosorbite*:

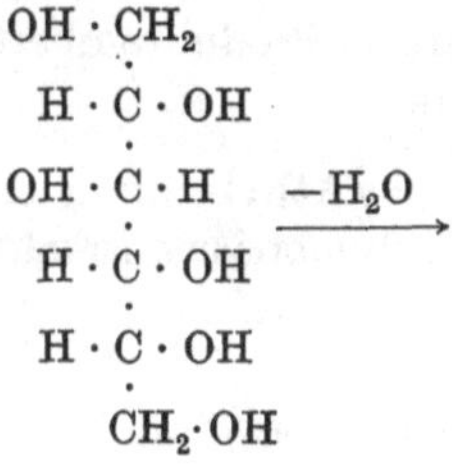

Sorbit

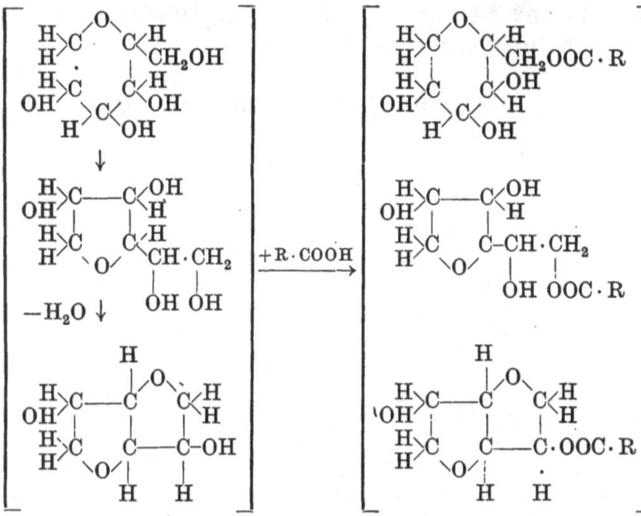

Anhydrosorbite *acylierte Anhydrosorbite*

Produkte dieser Art gewinnt man in Amerika in großen Mengen aus Sorbit durch Entwässerung und anschließende Veresterung mit *Palmitin-*, *Stearin-* und *Ölsäure* [63]. Auch andere Zucker lassen sich nach ähnlichen Verfahren acylieren und geben oberflächenaktive Substanzen. Die Ester der höheren Fettsäuren sind nicht mehr wasserlöslich. Sie müssen durch Oxäthylierung in Lösung gebracht werden. In einigen Fällen hat man sie durch Sulfierung oder Phosphatierung in lösliche Produkte überführt. Solche Produkte sind dann anionaktiv.

3. Ähnlich wie das Äthylenoxyd läßt sich das *Äthylenimin* $(CH_2—CH_2)$ für Polymerisationsreaktionen einsetzen, wobei
NH

hochpolymere *Polyäthylenimine* entstehen. Mit Fettalkoholen oder Fettsäuren bilden sich Verbindungen, die ähnlich wie die entsprechenden Polyglykoläther entstehen. Als Wasch- und Netzmittel sind derartige Substanzen jedoch nur von untergeordneter Bedeutung.

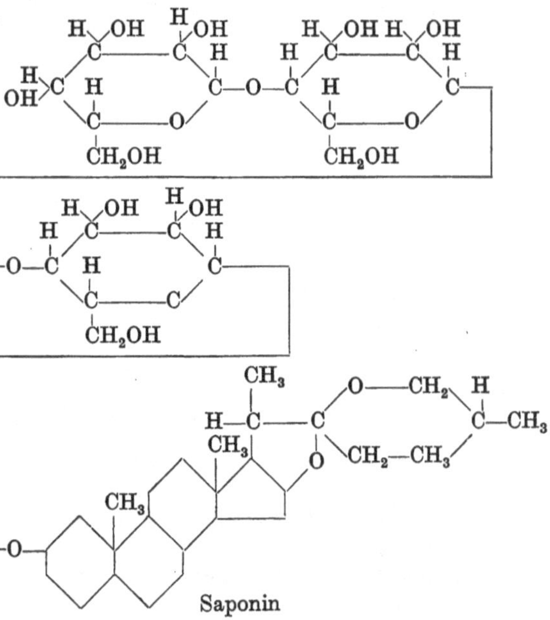

Saponin

Der am längsten bekannte nichtionogene Körper ist das in der Natur in verschiedenen Pflanzen anzutreffende *Saponin*. In dieser Verbindung ist ein hydrophober *Sterinrest* mit einer durch *glykosidische* Verkettung mehrerer einfacher *Glucosen* (*Monosen*) entstandenen mehrkernigen Kette verknüpft. Die große Zahl der Hydroxylgruppen und die Ätherbindungen bedingen die Wasserlöslichkeit des sehr großen Moleküls. Das Saponin zeigt zwar ein gewisses Waschvermögen, das sich aber mit modernen Waschmitteln keineswegs vergleichen läßt. Dem *Saponin* kommt nebenstehende Strukturformel zu.

2.21 Äthylenoxydadditionsverbindungen

Unter den nichtionogenen Verbindungen haben die *Äthylenoxydadditionsverbindungen* (auch *Polyglykoläther* genannt) die bisher größte Bedeutung erlangt. Im technischen Maßstab werden *Alkylphenole*, *Naphthole* oder Fettalkohole in derartige Verbindungen überführt.

Der wichtigste Ausgangsstoff für diese Synthesen ist das *Äthylenoxyd*. Aus *Äthylen*, das durch partielle Hydrierung des *Acetylens* oder bei der Kohlenwasserstoffspaltung entsteht, wird mit unterchloriger Säure das *Äthylenchlorhydrin* dargestellt. Mit kochendem Alkali wird daraus Chlorwasserstoff abgespalten und es bildet sich das *Äthylenoxyd*:

$$HC{\equiv}CH + H_2 \rightarrow CH_2{=}CH_2;\quad CH_2{=}CH_2 + HOCl \rightarrow \underset{OH\ \ Cl}{CH_2CH_2}$$

$$\underset{OH\ \ Cl}{CH_2CH_2} + NaOH \rightarrow \underset{O}{\underbrace{CH_2CH_2}} + H_2O + NaCl$$

In Ländern, die über große Mengen von Raffineriegasen (bzw. Erdgas) verfügen, spielt auch die Gewinnung von Äthylenoxyd durch unvollkommene katalytische Verbrennung (Silberkontakte) des *Äthans* heute schon eine bedeutende Rolle.

Für die Kondensation des Äthylenoxyds kann man nur ein vollkommen wasserfreies Produkt einsetzen. Der Äthylenoxydgehalt soll mindestens bei 97% liegen, da sonst leicht infolge von Selbstpolymerisation Explosionen eintreten können. Aus diesem Grunde wird das niedrigsiedende (Kp. etwa +10 °C) Äthylenoxyd bei 0 °C gelagert.

Alkylphenole und *Alkylnaphthole* können wie die Alkylbenzole oder Alkylnaphthaline auf nachstehendem Wege hergestellt werden:

Olefine bzw. olefinhaltige Fraktionen mit einer Kettenlänge von C_6 bis C_{14} werden mit Phenolen oder Naphtholen in Gegenwart eines Friedel-Crafts-Katalysators, z. B. von *Fluorwasserstoff* oder *Bortrifluorid*, zu entsprechenden Alkylverbindungen umgesetzt. Auch hier werden in zunehmendem Maße die Oligomeren des Propens oder Butens verwendet. Nach der Umsetzung werden die Reaktionsprodukte mit Wasser bis zur neutralen Reaktion gewaschen und anschließend destilliert.

Außer dem reinen *Phenol* (C_6H_5OH) können zur Alkylierung auch die Homologen wie *Kresole*, *Xylenole* und ähnliche Verbindungen eingesetzt werden. *Naphthole* werden meist mehrfach mit kleineren Molekülen (niedere Olefine, Alkohole) alkyliert.

2.211 Alkylphenylpolyglykoläther

Nach dem Chargenverfahren arbeitet man in einem geschlossenen Reaktionsgefäß, das emailliert oder mit Glas ausgekleidet ist. Außerdem muß es mit einem gut wirkenden Rührwerk und einer Kühl- und Heizvorrichtung versehen sein (Abb. 25). Die Arbeitsbedingungen richten sich nach den jeweiligen Rohstoffen und dem gewünschten Polymerisationsgrad des Produktes. Meistens wird bei einem Druck von 3 $kp \cdot cm^{-2}$ gearbeitet. Das Alkylphenol wird mit Natriumhydroxyd oder Natriummethylat (0,1 bis 0,5%) in das Reaktionsgefäß gebracht und auf 100 bis 180 °C erhitzt. Etwa im Gefäß vorhandene Luft muß durch Ausspülen mit

Stickstoff entfernt werden. Das Äthylenoxyd wird so in das Reaktionsgefäß eingeführt, daß es am Boden mit dem übrigen Reaktionsgemisch zusammentrifft. Durch Regulierung des Äthylenoxydzulaufes läßt sich die Geschwindigkeit der Reaktion weitgehend variieren. Die Temperatur steigt dabei auf 160 bis 220 °C (dazu ist Kühlung erforderlich). Je nach Zuflußgeschwindigkeit des Äthylenoxyds dauert die *Oxäthylierung* 5 bis 15 Stunden. Das auf etwa 100 °C abgekühlte Endprodukt ist eine mehr oder weniger viskose dunkle Flüssigkeit.

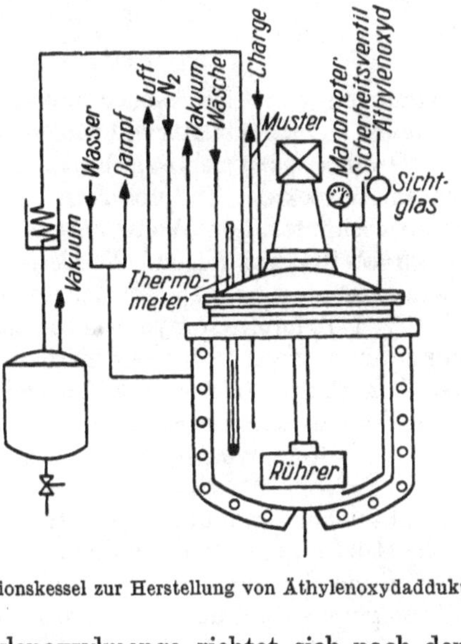

Abb. 25 Reaktionskessel zur Herstellung von Äthylenoxydaddukten [48]

Die Äthylenoxydmenge richtet sich nach dem Verwendungszweck des Produktes. Für Wasch- und Netzmittel werden ungefähr 4 bis 6 Mol Äthylenoxyd auf ein Mol Alkylphenol gerechnet. Bedeutend höher polymerisiert sind die Emulgiermittel, welche bis zu 20 Mol *Äthylenoxyd* auf ein Mol *Alkylphenol* enthalten.

Die Umsetzung des Alkylphenols mit dem Äthylenoxyd kann auch nach kontinuierlichen Verfahren vorgenommen werden. Das Reaktionsgemisch durchläuft bei den genannten Temperaturen und Drücken einen Rohrreaktor und verläßt diesen als Fertigprodukt.

Zur Überführung der viskosen flüssigen Produkte in eine feste Form ist man in neuerer Zeit dazu übergegangen, *Harnstoffadditionsverbindungen* der *Polyglykoläther* herzustellen. In wäßriger Lösung zerfallen die Verbindungen, wobei der Harnstoff gleichzeitig eine haut- und faserschonende Wirkung ausübt.

2.212 Alkylpolyglykoläther

Die Umsetzungen von *Äthylenoxyd* mit Fettalkoholen lassen sich analog denen mit Alkylphenolen durchführen. Der Grad der *Oxäthylierung* richtet sich hier ebenfalls nach dem Verwendungszweck des Endproduktes.

Ein Spezialwaschmittel für Wollwäsche läßt sich z. B. nach McCutcheon [64] auf folgende Weise gewinnen: Auf ein Mol Oleylalkohol setzt man 15 Mol Äthylenoxyd ein und führt mit 0,01% Natriumhydroxyd bei 160 bis 180 °C die Oxäthylierung durch. Nach 12 bis 14 Stunden ist die Reaktion beendet. Das Endprodukt ist ein Material von wachsartiger Beschaffenheit, desssen Schmelzpunkt zwischen 30 bis 40 °C liegt. In kaltem Wasser ist es besser löslich als in heißem.

Eine Vielzahl solcher Produkte wird heute in vielen Ländern für die Textilreinigung und -veredelung auf den Markt gebracht. Bei vielen Substanzen handelt es sich außer um Netz- und Reinigungsmittel um ausgesprochene Emulgier- und Färbereihilfsmittel.

2.213 Acylpolyglykoläther

Durch Behandlung von Fettsäuren mit Äthylenoxyd können mit den gleichen Methoden wie oben beschrieben acylierte Oxäthylierungsprodukte erhalten werden.

Auch durch Veresterung definierter Polyglykole gelangt man zu den Fettsäure-Äthylenoxyd-Addukten. Nachteilig an dem Verfahren ist die Bildung diacylierter Verbindungen, welche für viele Zwecke ungeeignet sind.

Auch die Fettsäureester, vor allem die Glyceride, lassen sich oxäthylieren; sie geben gemischte Produkte. Neben der Bildung der Acylpolyglykoläther wird auch das Glycerin in die Oxäthylierung einbezogen. Da die Ester in ihrem Molekül kein aktives Wasserstoffatom enthalten und aus diesem Grunde nicht reagieren können, muß erst mit Hilfe des alkalischen Katalysators eine Umesterung zwischen dem *Glycerid* und dem *Polyglykoläther* erfolgen.

Direkt aus Neutralfetten hergestellte oxäthylierte Produkte werden nur in sehr geringem Umfange hergestellt und lediglich zur Erzielung bestimmter Effekte in der Textilveredelung benutzt. Aus Ricinusöl und 40 Teilen Äthylenoxyd wird z. B. ein guter Emulgator erhalten, der sehr vielseitig anwendbar ist und vor allem für „Öl in Wasser"-Emulsionen Verwendung findet.

Ein Nachteil der einfachen Acylpolyglykoläther ist die leichte Verseifbarkeit der Produkte durch warme alkalische Lösungen, wie sie bei Wasch- und Textilveredelungsprozessen häufig vorliegen. Die Polyglykoläther der Alkylphenole und der Fettalkohole sind in der Hinsicht stabiler und werden deshalb den Fettsäureaddukten vorgezogen. Trotzdem werden diese in einigen Fällen als Wasch- und Emulgiermittel verwendet. Die besten Waschmittel erhält man, wenn auf ein Mol Fettsäure 12 bis 13 Mol Äthylenoxyd eingesetzt werden. Produkte, die mehr oder auch weniger Äthylenoxyd enthalten, sind gute Emulgatoren. Ihrer antistatischen Wirkung wegen setzt man die Polyglykoläther der Fettsäuren beim Aufbringen von Appreturen der Celluloseacetatfasern ein.

2.214 Additionsprodukte der Säureamide

Wie bereits erwähnt, lassen sich bei den Additionsprodukten der Säureamide zwei Typen unterscheiden, nämlich *Fettsäureamidaddukte* und *Sulfonsäureamidaddukte*. Eine besondere Bedeutung als Wasch- oder Netzmittel kommt den Substanzen zur Zeit noch nicht zu. In England und in den USA sollen derartige Produkte als Textilhilfsmittel für Arbeiten in sauren Bädern Verwendung finden.

2.22 Substituierte Polyalkohole

Zu den substituierten Polyalkoholen zählen als einfachste Vertreter die Monoglyceride der Fettsäuren. Man gewinnt sie durch Umesterung der Triglyceride mit Glycerin:

$$\begin{array}{l} CH_2\cdot OOCR \\ \cdot \\ CH\cdot OOC\cdot R \\ \cdot \\ CH_2\cdot OOC\cdot R \end{array} + 2\,C_3H_5(OH)_3 \rightarrow 3\begin{array}{l} CH_2\cdot OOC\cdot R \\ \cdot \\ CH\cdot OH \\ \cdot \\ CH_2\cdot OH \end{array}$$

Monoglyceride oder Monofettsäureester der *Glykole* (*Diglykol*, *Triglykol* u. a.) werden vor allem als Emulgatoren für „Öl in Wasser“-Emulsionen verwendet.

Die Monofettsäureester der *Glykole*, des *Pentaerythrits* und ähnlicher Verbindungen werden teilweise nach technischen Verfahren hergestellt. Diese Substanzen sind nicht wasserlöslich, nehmen aber Wasser auf.

In gleicher Weise wie die Monofettsäureester der Glykole können Zuckeralkohole acyliert werden, so daß Produkte entstehen, wie sie bereits auf Seite 149 erwähnt wurden. Besonders in Amerika haben z. B. acylierte *Anhydrosorbite* Bedeutung erlangt. In neuerer Zeit werden ähnliche Produkte auch in Deutschland hergestellt. Als Wasch- und Netzmittel spielen acylierte Polyalkohole jedoch keine Rolle, sie werden fast ausschließlich als Emulgatoren für „Wasser in Öl“-Emulsionen benutzt.

2.23 Additionsprodukte der Polyamine

Nach D. R. P. 668744 [65] werden Additionsprodukte der Polyamine durch Umsetzung verschiedener Alkylhalogenide, wie *Dodecylchlorid, chlorierte Paraffine* und dergleichen mit *Polyalkylenpolyaminen* (*Triäthylentetramin, Tetraäthylenpentamin*) erhalten.

Nach Patenten der ICI [66] lassen sich auch Fettsäureamide mit drei oder mehr Molen *Äthylenimin* in folgender Weise umsetzen: 5,7 Teile *Stearinsäureamid* werden mit 4,3 Teilen *Äthylenimin* und 0,2 Teilen Natriumhydroxyd als Katalysator im Autoklav 10 Stunden auf 130 °C erhitzt. Das anfallende Produkt ist nicht wasserlöslich und wird erst durch Salzsäure in Lösung gebracht. Die salzsaure Verbindung schäumt in Wasser gut. Nach dem Verhalten handelt es sich allerdings mehr um eine kationaktive als um eine nichtionogene Verbindung.

2.24 Sulfate der Polyglykoläther

Die Sulfate der Polyglykoläther gehören zu den anionaktiven Verbindungen; da sie aber aus den Äthylenoxydaddukten durch Umsetzung mit Schwefelsäure gewonnen werden, sollen sie hier behandelt werden.

Die freien Hydroxylgruppen der Addukte können leicht mit Säuren verestert werden, so daß eine weitere stark hydrophile Gruppe in das Molekül eintritt und die Wasserlöslichkeit der Verbindungen verbessert. Die Zahl der Oxäthylgruppen kann dann erheblich herabgesetzt werden. Viele Stoffe, die sich gar nicht in Wasser lösen, können nach der Sulfierung ausgezeichnete oberflächenaktive Substanzen sein.

Zum Waschen von Haushaltwäsche und von Geweben aus pflanzlichen Fasern haben sich sulfierte Äthylenoxydaddukte gut bewährt. Verschiedene Erzeugnisse auf dieser Basis sind im Handel zu finden. Sie können auf folgendem Wege erhalten werden: Ein *Dodecylphenol* oder *Diisohexylphenol* wird in bekannter Weise mit 3 bis 5 Mol Äthylenoxyd umgesetzt. Für andere Produkte kann man auch *Octylphenol* oder *Dibutylkresol* einsetzen. Unter äußerst milden Bedingungen werden derartige Polyglykoläther mit Schwefelsäure oder Chlorsulfonsäure sulfiert.

Sulfierte Polyglykoläther sind z. B. das *Igepal B*, die *Alipal-Typen C und D*, *Sapogenat B neu* oder *BR* und verschiedene andere Marken.

Auf dem gleichen Wege erhält man sulfierte Alkylpolyglykoläther, die als ausgezeichnete Waschmittel bekannt geworden sind und ein besseres *Kalkseifendispergiervermögen* besitzen als die reinen Alkylsulfate. Sie werden trotzdem nicht in dem Umfange hergestellt wie die sulfierten *Polyglykoläther* der *Alkylphenole*.

2.25 Spezifische Eigenschaften der nichtionogenen Produkte

Eine Eigentümlichkeit fast aller Polyglykolätherderivate ist der *reproduzierbare Trübungspunkt* der wäßrigen Lösungen. Bei einer bestimmten Temperatur tritt beim Erwärmen der Lösung eine Trübung auf, und oberhalb dieses Punktes entmischt sich die Lösung, d. h., sie zerfällt in eine ölige und eine wäßrige Phase. Kühlt man die Lösung ab, wird sie wieder klar. Nach WURZSCHMITT [62] entstehen aus den Polyglykoläthern mit Wasser, entsprechend dem nachstehenden Schema, Koordinationsverbindungen, die bei höherer Temperatur wieder in die Ausgangsstoffe zerfallen:

$$-CH_2\cdot\underset{\underset{HOH}{\cdot}}{O}\cdot CH_2- \rightarrow [-CH_2\cdot\underset{\underset{H}{\cdot}}{O}\cdot CH_2-]^+ OH^-$$

Die Restvalenzen der ätherartig aufgebauten Wassermoleküle lagern sich an die Restvalenzen der Sauerstoffatome der Polyglykoläther an, so daß die oxäthylierten Produkte *kationaktiven* Charakter annehmen.

Der Zerfall der eigenartigen Verbindungen beim Erwärmen der wäßrigen Lösungen tritt sehr unterschiedlich in

Erscheinung. Produkte mit etwa 10 Äthylenoxydgruppen geben bereits bei Raumtemperatur trübe Lösungen. Andere Substanzen dagegen verursachen erst bei 50 bis 70 °C eine Trübung. Wahrscheinlich ist die in Wasser gelöste Verbindung auch bei niedriger Temperatur nicht vollständig dissoziiert, sondern befindet sich mit dem nichtionogenen Körper im Gleichgewicht. Durch diese Erscheinung ist

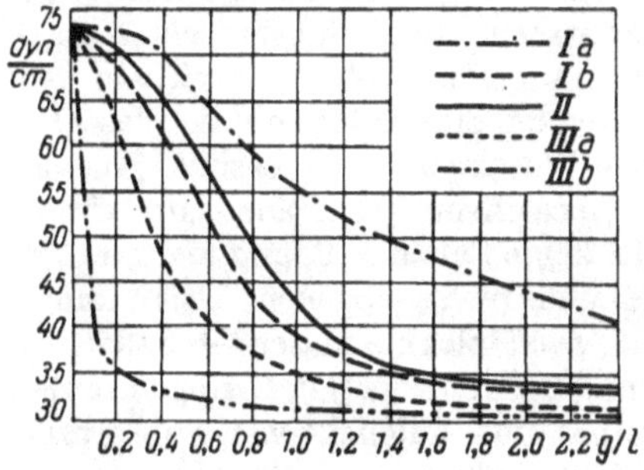

Abb. 26 Vergleichende Messungen von Oberflächenspannungen nach LINDNER [67]
Ia – Dibuthylnaphthalinsulfonat; *Ib* – Dodecylbenzolsulfonat; *II* – Alkylsulfonat vom Mersolattyp; *IIIa* – sulfatierter Alkylphenylpolyglykoläther; *IIIb* – nicht sulfatierter Alkylphenylpolyglykoläther

auch die größere Löslichkeit der nichtionogenen Verbindungen in kaltem Wasser und die geringere Löslichkeit in warmem Wasser zu erklären.

Betrachtet man die Oberflächenaktivität der wäßrigen Lösungen einzelner Polyglykoläther, so übertreffen sie in einigen Fällen die besten anionaktiven Substanzen, wie LINDNER [67] an Hand eines Diagrammes sehr deutlich beweist (Abb. 26). Danach zeigen Alkylphenylpolyglykoläther bereits in sehr geringer Konzentration eine ausgezeichnete Depression der Oberflächenspannung. Löst man 0,2 g der Substanz in 1 *l* Wasser, so beträgt dessen Oberflächenspannung nur noch 36 dyn/cm.

Die meisten nichtionogenen Verbindungen zeigen in wäßriger Lösung nur eine mäßige Schaumbildung, die bei Addukten mit hochmolekularem hydrophoben Teil oder mit hohem Oxäthylierungsgrad am geringsten ist. Für verschiedene Zwecke ist die geringe Schaumbildung bei guter Reinigungskraft ein Vorteil, wie z. B. beim Einsatz der Produkte in der Maschinenwäscherei, wo zu starke Schaumbildung unerwünscht ist. In manchen Fällen werden derartigen Verbindungen trotzdem kleinere Mengen stark schäumender waschaktiver Substanzen (z. B. Alkylbenzolsulfonate) zugefügt, um rein optisch am Auftreten des Schaumes erkennen zu können, ob die Waschlauge noch ein ausreichendes Waschvermögen besitzt. Sind alle Moleküle der oberflächenaktiven Substanz zur Umnetzung verbraucht, tritt keine Schaumbildung mehr auf.

Auch bei den nichtionogenen Verbindungen tritt die Anreicherung der Moleküle in den Grenzflächen auf. Durch die Anordnung der hydrophilen Gruppen in den Molekülen wird gegenüber den anionaktiven Substanzen ein etwas abweichendes Verhalten dieser Stoffe beobachtet. Während die Sulfogruppe als hydrophiler Teil nur an einer Stelle des Moleküls sitzt und sich in der Grenzfläche zum Wasser hin ausrichtet, liegen bei den nichtionogenen Verbindungen die hydrophilen Gruppen über einen Teil des Moleküls verstreut. Dadurch ergibt sich in der Grenzfläche eine Packungsdichte und Orientierung der Moleküle, die sich in der Anordnung von den anionaktiven Molekülen unterscheiden. Während für die anionaktiven Stoffe eine band- oder stäbchenförmige Anordnung der Moleküle in der Micelle angenommen wird, ist man der Ansicht, daß die Micellen der nichtionogenen Substanzen kugelsymmetrische Gebilde (siehe Abb. 3) sind.

Eine weitere Eigenschaft der Polyglykoläther ist die Löslichkeit ihrer Micellen in organischen Stoffen (*Organophilie*), umgekehrt lösen sich organische Verbindungen in nichtionogenen Substanzen.

2.3 *Kationaktive Verbindungen*

Bei den kationaktiven Stoffen handelt es sich fast ausnahmslos um basisch reagierende organische Substanzen bzw. um deren Salze, denen vorwiegend Stickstoffverbindungen wie *Amine*, *Ammoniumsalze* und auch *heterocyclische Basen* (*Pyridin* u. dgl.) zugrunde liegen. Dabei trägt der hochmolekulare kationische Rest die *positive* Ladung, während die negative Ladung vom Säurerest oder von den Hydroxylionen der freien Base aufgenommen wird. Wie bei den anionaktiven Verbindungen bilden sich in wäßriger Lösung *Kolloidmicellen*, bei denen aber das Kation den hydrophoben Teil darstellt.

Der hydrophobe Molekülrest ist auch hier der qualitätsbestimmende Faktor. Von ihm hängt der Wert der Verbindung als oberflächenaktive Substanz ab. Zur Bildung des hydrophoben Alkylrestes können höhermolekulare Stoffe, wie sie von den anionaktiven Substanzen her bekannt sind, mit den basischen Grundkörpern verknüpft werden. Dafür kommen in Frage: *Fettsäuren*, *Fettsäurehalogenide*, *Fettsäureamide*, *Alkylsulfonsäuren* oder *Alkylsulfamide*, die durch Veresterung, Verätherung oder anderweitig mit den Basen vereinigt werden.

CHWALA [68] teilt die kationaktiven Verbindungen wie folgt ein:

1. $R \cdot \overset{\text{III}}{N} \cdot (R_1, R_2) \cdot HAc$
   = Aminverbindungen
2. $[R \cdot \overset{\text{V}}{N} \cdot (R_1, R_2, R_3)]^+ \cdot Ac^-$
   = Ammoniumverbindungen
3. $[R \cdot \overset{\text{IV}}{S} \cdot (R_1, R_2)]^+ \cdot Ac^-$
   = Sulfoniumverbindungen
4. $[R \cdot \overset{\text{V}}{P} \cdot (R_1, R_2, R_3)]^+ \cdot Ac^-$
   = Phosphoniumverbindungen

R = längere, meist aliphatische Reste mit 10 bis 18 C-Atomen. — R_1, R_2, R_3 = niedere Alkyle (CH_3-, C_2H_5- o. ä.),

Aralkyle ($-CH_2 \cdot C_6H_5$) oder Aryle (C_6H_5-). Beim Amintyp kann R_1 und R_2 auch nur Wasserstoff sein. — Ac = Anionen (Chloride, Bromide, Sulfate, Phosphate, Acetate) oder Hydroxylionen (in alkalischer Lösung).

Die Gruppe 3 und 4 sind zur Zeit für die Praxis nur von untergeordneter Bedeutung. Lediglich zwei Haupttypen der Stickstoffverbindungen besitzen größere Bedeutung, nämlich der R · N-Typ und der R · X · N-Typ. Beim R · N-Typ ist der hydrophobe Alkylrest direkt an den Stickstoff gebunden, während beim R · X · N-Typ die Bindung über Zwischenglieder erfolgt.

2.31 Herstellung der kationaktiven Verbindungen

2.311 R · N-Typ

Die bekanntesten kationaktiven Substanzen enthalten als Grundsubstanz Amine, die sich nach den bekanntesten Methoden der organischen Chemie in unterschiedlichen Ausbeuten synthetisieren lassen:

1. Die Umsetzung geeigneter *Alkylhalogenide* oder *Alkylsulfate* mit *Ammoniak* oder *Aminen* führt zu primären oder sekundären Aminen:

a) $R \cdot Cl + NH_3 \rightarrow R \cdot NH_2 + HCl$

primäres Amin

b) $R \cdot Cl + R_1 \cdot NH_2 \rightarrow \begin{matrix} R \\ R_1 \end{matrix}\!\!>\!NH + HCl$

sekundäres Amin

c) $\underset{\displaystyle Cl}{R_1 \cdot \underset{\cdot}{C}H \cdot R_2} + NH_3 \rightarrow \begin{matrix} R_1 \\ R_2 \end{matrix}\!\!>\!CH \cdot NH_2 + HCl$

primäres Amin

2. Durch Dehydratisierung von *fettsaurem Ammonium* zum *Fettsäureamid* und anschließende Hydrierung zum *Amin*:

$$R\cdot COO\cdot NH_4 \xrightarrow{-H_2O} R\cdot CO\cdot NH_2 \xrightarrow{+2H_2} R\cdot CH_2\cdot NH_2 + H_2O$$

3. Durch katalytische Hydrierung höherer *Nitrile*:

$$R\cdot CN + 2H_2 \rightarrow R\cdot CH_2\cdot NH_2$$

4. Aus Fettalkoholen durch *Ammonolyse* bei höherer Temperatur und Druck:

$$R\cdot OH + NH_3 \rightarrow R\cdot NH_2 + H_2O$$

5. Aus höheren *Aldehyden* oder *Ketonen* durch Umsetzung mit *Ammoniak* zu den entsprechenden *Aldiminen* und *Ketiminen*, die nach der Hydrierung *Amine* liefern:

$$R\cdot CHO + NH_3 \rightarrow R\cdot CH{=}NH + H_2O$$

$$R\cdot CH{=}NH + H_2 \rightarrow R\cdot CH_2\cdot NH_2$$

6. Setzt man *sekundäre Amine* mit einem *Alkylhalogenid* um, entstehen *tertiäre Amine*:

$$R\cdot Cl + \begin{matrix} R_1 \\ R_2 \end{matrix}\!\!>\!NH \rightarrow \begin{matrix} R \\ R_1 \\ R_2 \end{matrix}\!\!>\!N + HCl$$

Durch Anlagerung eines weiteren Alkylhalogenids entstehen *quaternäre Ammoniumsalze*:

$$R_3\cdot Cl + \begin{matrix} R \\ R_1 \\ R_2 \end{matrix}\!\!>\!N \rightarrow \left[\begin{matrix} R \\ R_1 \\ R_2 \end{matrix}\!\!>\!N\cdot R_3\right]^+ Cl^-$$

Im technischen Maßstab werden *Amine* vorwiegend nach Schema 2 und 3 hergestellt. Für die Synthese *sekundärer* und *tertiärer Amine* sowie zur Herstellung der *quaternären Ammoniumsalze* wird die Umsetzung mit Alkylhalogeniden ausgeführt.

2.3111 Die technische Gewinnung der höheren Alkylamine

Die katalytische Hydrierung von höheren Fettsäureamiden erfolgt bei einem Druck von 100 bis 300 kp · cm^{-2} und 175 bis 250 °C über Kupfer-Chromoxyd-Katalysatoren. Da zumeist Nebenreaktionen auftreten, wird die Hydrierung in *Dioxan* vorgenommen.

Hohe Ausbeuten an primären Aminen erhält man auch bei der Hydrierung von *Fettsäurenitrilen*. Die Nitrile lassen sich aus den Fettsäuren durch Überleiten der Dämpfe zusammen mit Ammoniak bei 400 °C über Aluminiumoxyd oder ähnliche Katalysatoren herstellen. Von den nicht umgesetzten Fettsäuren werden die Nitrile durch Auswaschen mit Pottaschelösung befreit und dann im Vakuum destilliert. Die Hydrierung kann bei 200 bis 210 °C über einen Nickel- oder Kobalt-Katalysator durchgeführt werden.

Die Amine aus Fettsäurenitrilen überführt man häufig durch Anlagerung höher- oder niedermolekularer Alkylhalogenide in die *sekundären*, *tertiären* oder *quaternären* Verbindungen. Das Alkyl des Halogenids kann ein aliphatischer Kohlenwasserstoffrest mit gerader oder verzweigter Kette oder auch ein Aryl- bzw. Aralkylrest sein. Solche kationaktive Verbindungen sind als gute Desinfektionsmittel bekannt. Ein weitverbreitetes Produkt aus dieser Gruppe ist das unter dem Handelsnamen *Zephirol* oder *Triton K 60* bekannte *Lauryldimethylbenzylammoniumchlorid*:

$$\left[CH_3 \cdot N \left\langle \begin{matrix} CH_2 \cdot C_6H_5 \\ C_{12}H_{25} \\ CH_3 \end{matrix} \right. \right]^+ Cl^-$$

Durch Umsetzung von *Dimethylamin* mit *Laurylalkohol* bildet sich das tertiäre Amin, das mit *Benzylchlorid* in die *quaternäre* Verbindung umgewandelt wird.

In ähnlicher Weise lassen sich verschiedene *tertiäre* Amine mit aliphatischen, aromatischen oder aliphatisch-aromatischen Halogeniden kondensieren. Sehr oft begegnet man dem leicht herstellbaren Benzylchlorid, das durch Chlorierung von Toluol gewonnen wird und ein sehr reaktionsfähiges Chloratom besitzt.

Einige Produkte des Typs $R \cdot N \cdot (CH_3)_3Cl$ werden in Frankreich und in den USA unter dem Namen *Arquad* als Netz- und Emulgierungsmittel sowie als Desinfektionsmittel für verschiedene Verwendungszwecke in den Handel gebracht. Ein dem *Zephirol* ähnliches Produkt, ein *Octadecyldimethylbenzylammoniumchlorid* wird unter dem Namen *Octab* von der Rhodes Chemical Co. hergestellt.

Zu den quaternären Ammoniumverbindungen werden auch die recht häufig auftretenden *Alkylpyridiniumsalze* gerechnet:

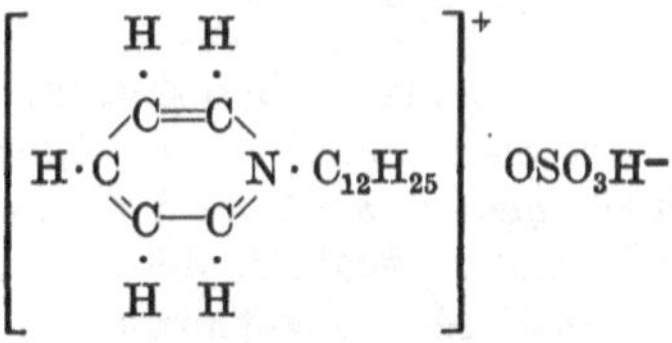

Zur Synthese dieser Verbindung oder ähnlicher Verbindungen wird *Laurylalkohol* mit *Chlorsulfonsäure* in das saure Alkylsulfat überführt und dieses bei 150 °C mit *Pyridin* umgesetzt. In entsprechender Weise lassen sich auch höhermolekulare Alkylchloride oder Alkylbromide bei 150 bis 170 °C, eventuell unter Druck, in die *Alkylpyridinium*verbindungen überführen. In der Textilveredelungsindustrie werden diese Verbindungen als Netz-, Dispergier- und Emulgiermittel angewendet. Auch bei der Herstellung synthetischer Fasern werden kationaktive Substanzen dieses Typs den sauren Spinnbädern zugesetzt, um eine einwandfreie Benetzung der Fasern zu erzielen.

Läßt man auf tertiäre Amine in Gegenwart von Wasser *Äthylenoxyd, Propylenoxyd* oder ähnliche Verbindungen einwirken, so entstehen nach folgender Reaktionsgleichung *quaternäre* Ammoniumverbindungen als freie Basen, bei denen eine Alkylgruppe durch eine Hydroxyalkylgruppe ersetzt ist:

$$R.N\cdot[CH_3]_2 + \underset{\diagdown O \diagup}{CH_2CH_2} + H_2O \rightarrow \left[R\cdot N \begin{matrix} CH_3 \\ CH_3 \\ CH_2CH_2\cdot OH \end{matrix}\right]^+ OH^-$$

Aus primären Aminen bilden sich bei dem gleichen Verfahren und einem Überschuß an Äthylenoxyd Substanzen mit drei Hydroxyalkylgruppen:

$$R\cdot NH_2 + 3\underset{\diagdown O \diagup}{CH_2CH_2} + H_2O \rightarrow \left[R\cdot N \begin{matrix} CH_2CH_2\cdot OH \\ CH_2CH_2\cdot OH \\ CH_2CH_2\cdot OH \end{matrix}\right]^+ OH^-$$

Wird bei den Umsetzungen ohne Zusatz von Wasser gearbeitet, so bilden sich die üblichen *Polyglykoläther*, die *alkyliert* und auch *quaternisiert* werden können. Ein derartiges Produkt ist das *Peregal OK* der BASF, das aus dem *Oleylamin* und 6 bis 7 Mol *Äthylenoxyd* bei 140 bis 150 °C gewonnen wird. Das anfallende sogenannte *Oxydamin* kann mit *Dimethylsulfat* in die *quaternäre* Verbindung überführt werden. In der Textilfärberei dient *Peregal OK* als Egalisiermittel für Indanthren- und bestimmte Küpenfarbstoffe. Solche Verbindungen gehören bereits zu den *Alkylolaminen*, die wichtige Ausgangstoffe für die Herstellung weiterer *kationaktiver* Substanzen darstellen. Von den Alkylolaminen leiten sich Verbindungen ab, die zum R · X · N-Typ gehören.

2.312 R · X · N-Typ

Der größte Teil der kationaktiven Stoffe wird vom R · X · N-Typ gestellt, und zwar deshalb, weil die Alkylamine bzw. die Alkylhalogenide im allgemeinen schwieriger und teurer herzustellen sind als die entsprechenden *Alkylol-*

amine. Bekanntlich lassen sich *Alkylolamine* (z. B. *Mono-*, *Di-*, *Triäthanolamin*) aus *Äthylenoxyd* und *Ammoniak* auf verhältnismäßig einfache Weise großtechnisch gewinnen.

Da die Alkylolamine zwei funktionelle Gruppen besitzen, können sie mit Fettsäuren oder deren Derivaten an den Hydroxylgruppen verestert werden, lassen sich aber auch an der NH_2-Gruppe bzw. NH-Gruppe acylieren. Man unterscheidet aus diesem Grunde einen *Alkylolamin-Ester*-Typ und einen *Alkylolamin-N-Acyl*-Typ.

2.3121 Alkylolamin-Ester

Durch die Veresterung des *Triäthanolamins* mit einem Mol *Stearinsäure* und anschließende Anlagerung von Ameisensäure entsteht eine Verbindung, die in der Textilveredelung als Weichmacher für Zellwolle dient.

$$\left[\begin{array}{l} R\cdot COO\cdot CH_2CH_2\searrow \\ \quad OH\cdot CH_2CH_2\rightarrow NH \\ \quad OH\cdot CH_2CH_2\nearrow \end{array}\right]^+ HCOO^-$$

Soromin A der BASF

Bei der freien Base der angeführten Substanz lassen sich an die Hydroxylgruppen je ein Mol Äthylenoxyd anlagern, so daß man dabei Produkte folgender Formel erhält:

$$N\begin{array}{l} \nearrow CH_2CH_2\cdot OOC\cdot R \\ \leftarrow CH_2CH_2\cdot O\cdot CH_2CH_2\cdot OH \\ \searrow CH_2CH_2\cdot O\cdot CH_2CH_2\cdot OH \end{array}$$

Dieses Derivat der *Soromin-A*-Base wird *Soromin AF* genannt und hat als Weichmacher und Avivagemittel für Zellwolle Verwendung gefunden.

Statt der Stearinsäure kann man auch *Ölsäure* mit dem *Triäthanolamin* verestern. Ein derartiges Produkt kommt von der BASF als *Emulgator* unter dem Namen *Emulphor* in den Handel.

2.3122 *Alkylolamin-N-Acylierungsprodukte*

Monoäthanolamin (1) und auch *Diäthanolamin* (2) können mit einem Mol *Stearinsäure* acyliert werden:

1. $$N\begin{cases} CH_2CH_2OH \\ H \\ OC\cdot R \end{cases}$$

Soromin AFZ

2. $$N\begin{cases} CH_2CH_2OH \\ CH_2CH_2OH \\ OC\cdot R \end{cases}$$

Soromin AFK

Zur Verbesserung der Wasserlöslichkeit der Acylierungsprodukte werden diese mit Äthylenoxyd oxäthyliert, wodurch allerdings auch die *Kationaktivität* herabgesetzt wird. Diese Produkte werden wiederum als Weichmacher verwendet.

Zu den am längsten bekannten kationaktiven Substanzen gehören die bereits 1928 von Hartmann und Kägi [68 a] beschriebenen und von der CIBA eingeführten *Sapamine*. Es handelt sich bei diesen Stoffen um ein *Diäthylaminoäthyloleylamid* folgender Formel:

$$CH_3\cdot(CH_2)_7\cdot CH{=}CH\cdot(CH_2)_7\cdot CO\cdot NH\cdot \left.\begin{matrix} CH_2CH_2 \\ CH_3CH_2 \\ CH_3CH_2 \end{matrix}\right\rangle N$$

Das *Sapamin CH* ist das *Hydrochlorid* der erwähnten Verbindung, während das *Sapamin A* das *Acetat* darstellt. Andere *Sapamin*-Typen sind im Gegensatz zu den erstgenannten zwei Verbindungen gegen Alkali beständig. Von einer gewissen Bedeutung für die Textilveredelung ist noch das *Sapamin KW*, das aus *Monostearylamidoäthylendimethylamin* durch *Quaternisierung* mit *Dimethylsulfat* gewonnen wird und nachstehende Formel besitzen soll:

$$\left[C_{17}H_{35}CO\cdot NH\cdot CH_2CH_2\cdot N\begin{cases} CH_3 \\ CH_3 \\ CH_3 \end{cases}\right]^+ O\cdot SO_3\cdot CH_3^-$$

Die *Sapamine* werden vorwiegend als *Emulgier-* und *Färbereihilfsmittel,* aber auch als *Avivage-* und *Weichmachungsmittel* für Reyon-, Baumwoll- und Halbwollwaren verwendet.

2.3123 *Pyridiniumsalze des R · X · N-Typs*

Während der hydrophobe Rest der *Alkylpyridinium-*Verbindung direkt am Stickstoff sitzt, tritt beim R · X · N-Typ ein Zwischenglied ein, wie es bereits bei den oben beschriebenen Stoffen erwähnt wurde. Derartige Produkte spielen in der Textilveredelung als Hydrophobierungsmittel eine gewisse Rolle, sind aber als Wasch- oder Netzmittel keineswegs von Bedeutung. Als allgemeine Formel kann die folgende gelten:

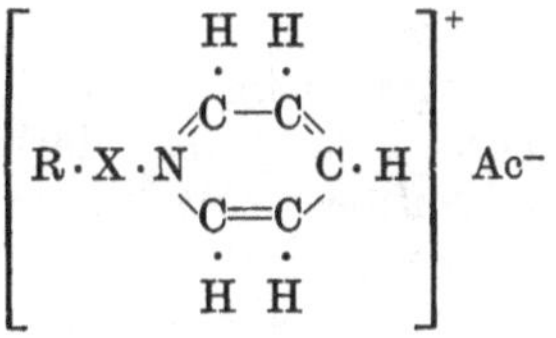

2.32 *Stickstofffreie kationaktive Verbindungen*

Chwala [69] beschreibt eine Verbindung des vierwertigen Schwefels sowie des fünfwertigen Phosphors, die wie ähnliche stickstoffhaltige Substanzen kationaktiven Charakter zeigen. Rein formelmäßig sehen solche Verbindungen folgendermaßen aus:

1. 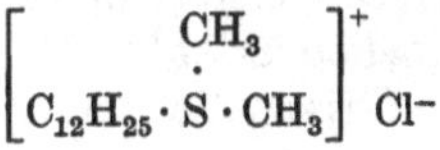

2. 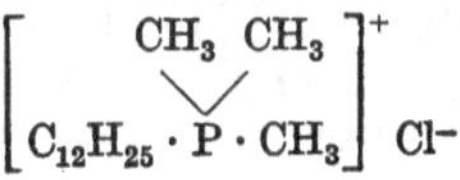

Durch Änderung der Alkylgruppen sowie der Säurereste lassen sich zahlreiche Derivate synthetisieren, die vor allem ein wissenschaftliches Interesse besitzen.

Entsprechende Verbindungen des Arsens (Arsoniumbasen) wurden ebenfalls hergestellt.

2.33 Verwendung und Eigenschaften der kationaktiven Stoffe

Im allgemeinen werden kationaktive Substanzen weder in der Industrie noch im Haushalt als Waschmittel eingesetzt, da sie durch ihre positive Aufladung auf den vorwiegend negativ geladenen Protein- oder Cellulosefasern niedergeschlagen werden. Der Schmutz wird also auf der Faser von der niedergeschlagenen kationaktiven Substanz eingehüllt.

Die Eigenschaft, sich auf der entgegengesetzt geladenen Faser niederzuschlagen, wird bei der Textilfärberei ausgenutzt. Zur Verbesserung der Farbbeständigkeit substantiv gefärbter Textilien schließt man in manchen Fällen eine Nachbehandlung mit kationaktiven Verbindungen an. Durch die kationaktive Substanz wird der Farbstoff auf der Faser festgehalten.

Wie die anionaktiven und nichtionogenen Substanzen bilden die kationaktiven Verbindungen in wäßriger Lösung Kolloidmicellen mit positiver Ladung. Viele dieser Stoffe zeigen in saurer Lösung ein mehr oder weniger großes Schaumvermögen, das ursprünglich zu der Bezeichnung „*saure Seifen*“ geführt hat. Es hat sich im Verlauf der Entwicklung jedoch gezeigt, daß das seifenähnliche Verhalten der kationaktiven Verbindungen durchaus keinen Vergleich mit den echten Fettsäureseifen erlaubt. Von einer waschaktiven Wirkung der kationaktiven Verbindungen ist nur selten die Rede. Verschiedene Autoren, z. B. Chwala [70], berichten von einer befriedigenden Waschwirkung bei Rohwolle und anderen Proteinfasern bei pH-Werten unterhalb 3. Diese Fasern werden in saurer Lösung positiv aufgeladen, wobei der ebenfalls positiv aufgeladene Schmutz abgestoßen wird. Zur Erzielung eines annehmbaren Wascheffektes wird eine beträchtliche Menge der kationaktiven Substanz benötigt, so daß diese Methode aus wirtschaftlichen Gründen kaum angewendet wird.

Erwähnt wurde bereits, daß die Oberflächenaktivität der kationaktiven Stoffe — je nach Struktur der hydrophoben Alkylreste — mehr oder weniger groß sein kann und daß bei vielen Verbindungen eine gute Netzwirkung zu beobachten ist. Wahrscheinlich wird die *bakterizide* Wirkung vieler kationaktiver Stoffe durch ihre Netzwirkung wesentlich verbessert.

Auf die Verwendung von Kationaktiva bei der Herstellung synthetischer Fasern als Zusatz zu den Fällbädern wurde bereits hingewiesen. Durch geringe Mengen von *Laurylpyridiniumsulfat* oder ähnlichen Substanzen (*quaternären Ammonium*- oder *Phosphoniumverbindungen*) können z. B. trübe und verunreinigte Fällbäder geklärt werden.

Allgemein bekannt ist die *bakterizide* Wirkung der kationaktiven Substanzen. Darin unterscheiden sie sich sehr stark von den anionaktiven und nichtionogenen Stoffen. Man ist an der *bakteriziden* Wirkung der Kationaktiva mehr interessiert als an ihrer Netzwirkung. Ein großer Teil der kationaktiven Verbindungen wird nur ihrer *fungiziden*, *germiziden* und *bakteriziden* Eigenschaften wegen erzeugt. Besondere Wirksamkeit zeigen hier die sogenannten *Quaternaries*, die auf alle Bakterienarten bei verschiedenen Konzentrationen und Einwirkungszeiten tödlich wirken. Für den Menschen haben sie kaum eine nachteilige Wirkung und verursachen auch nur selten Hautschäden.

2.4 Ampholyte

Ampholyte enthalten im Molekül eine *anionische* und eine *kationische* Gruppe. In der organischen Chemie findet man vor allem unter den Eiweißkörpern verschiedentlich *amphotere* Verbindungen, wie z. B. die *Aminosäuren*.

Als sogenannte *Waschkolloide* werden Eiweißstoffe wie *Leim*, *Casein*, *Blutalbumin* und *Weizenkleber* als Zusatz zu Seifen und anderen Waschmitteln empfohlen. Derartige Eiweißstoffe zeigen ein beachtliches Schaumvermögen und eine gewisse Faserschutzwirkung. LINDNER [71] hat die seifenartigen Eigenschaften verschiedener Eiweißverbindungen und ihrer Abbauprodukte eingehend untersucht und stellt fest, daß sie neben einer unterschiedlichen Kapillaraktivität eine gute Waschkraft und ein ausgezeichnetes Emulgiervermögen aufweisen.

Eine Abart derartiger Verbindungen sind anionaktive Stoffe aus Fettsäurekondensationsprodukten.

In neuerer Zeit spielen vor allem die *Alkylbetaine* und die *Sulfobetaine* eine gewisse Rolle. Wir wollen sie im folgenden kurz behandeln.

2.41 Betain-Typ

Das eigentliche *Betain* kann bekanntlich aus der Melasse isoliert werden und stellt den Grundtyp der zu besprechenden Art der Ampholyte dar. Auf synthetischem Wege läßt sich das *Betain* durch Anlagerung von *Trimethylamin* an *Monochloressigsäure* darstellen:

$$(CH_3)_3 \cdot N + Cl \cdot CH_2COOH \rightarrow (CH_3)_3 \cdot \underset{\substack{\cdot \\ Cl}}{N} \cdot CH_2 \cdot \underset{\substack{\cdot \\ OH}}{CO} \rightarrow (CH_3)_3 \cdot \overset{+}{N} \cdot COO^-$$

Das *Betain* kann als inneres Ammoniumsalz angesehen werden.

Statt der niedermolekularen *Monochloressigsäure* können halogenierte Fettsäuren wie z. B. *α-Bromlaurinsäure* oder ähnliche Säuren, mit Trimethylamin kondensiert werden, und man gelangt so zu Verbindungen, die neben einer guten Netzwirkung auch ein annehmbares Waschvermögen in saurer und alkalischer Lösung aufweisen.

Auf umgekehrtem Wege lassen sich auch höhere primäre und sekundäre Amine mit Monochloressigsäure in entsprechende tertiäre Amine überführen, die wiederum mit einem Mol Monochloressigsäure zu betainartigen Verbindungen umgesetzt werden:

$$1.\quad R\cdot CH_2\cdot N\begin{cases} CH_2COOH \\ CH_2COOH \end{cases} \qquad 2.\quad R\cdot CH_2\cdot N^{+}\begin{cases} CH_2COO^{-} \\ CH_2COOH \\ CH_2COOH \end{cases}$$

tertiäres Amin Betain

Diese Produkte, die von DAIMLER [72] entwickelt wurden, stellen Wasch- und Netzmittel dar, die in alkalischem und saurem Bade beachtliches Waschvermögen aufweisen. An Aminen wurden dafür eingesetzt: *Dodecylamin, Cetylamin* oder *Oleylamin.*

Außer den genannten Verbindungen wurden von verschiedenen Autoren weitere Substanzen synthetisiert, denen ähnliche Eigenschaften wie den erwähnten Betainen zukommen.

2.42 Sulfobetain-Typ

Von den *Betainen* unterscheiden sich die *Sulfobetaine* durch die *-SO_3-Gruppe*, die sie an Stelle der Carboxylgruppe enthalten. Ihre Herstellung erfolgt ähnlich wie bei den Betainen; statt der Monochloressigsäure werden halogenierte aliphatische Sulfonsäuren, z. B. *Chloräthansulfonsäure* oder *Chloroxypropansulfonsäure* zur Umsetzung benötigt.

Sulfobetaine mit höheren Alkylen eignen sich gut als Netz- und Waschmittel, während mit niedermolekularen Alkylen Färbereihilfsmittel zur Fixierung von Küpenfarbstoffen entstehen.

Das Verwendungsgebiet der *Sulfobetaine* ist umfangreicher als das der *Betaine.* Vor allem kann man bei diesen Verbindungen oft Übergänge zu den anionaktiven Substanzen feststellen (Fettsäurekondensationsprodukte). Oftmals ist hier die Grenze nicht klar erkennbar, so daß es schwierig ist, zu entscheiden, ob ein Ampholyt oder ein anionaktiver Stoff vorliegt.

Echte *Ampholyte* bilden sich auch bei der Sulfonierung der kationaktiven Verbindungen von der Art des *Zephirols*. Die Sulfogruppe tritt in den Benzolring des *Benzyls*, und es ergibt sich folgende Struktur:

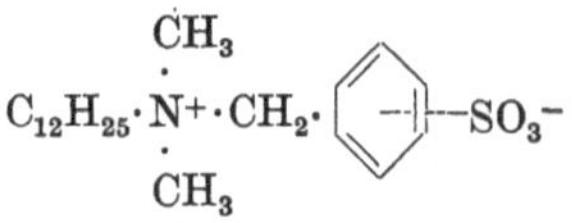

Das Gebiet der Ampholyte ist noch nicht vollständig erforscht, und es besteht durchaus die Möglichkeit, daß man hier weitere wertvolle Wasch- und Netzmittel findet, die sich im gesamten pH-Bereich mit gleich guter Wirkung einsetzen lassen.

3. Einteilung der oberflächenaktiven Substanzen nach der Struktur

Nach einer von Hetzer [73] stammenden Einteilung lassen sich in bildhafter Darstellung sechs Typen unterscheiden. Hierbei dienen die Länge der Hauptvalenzkette und die Stellung der hydrophilen Gruppe im Molekül als Merkmale.

1. Stumpen: kurzer hydrophober Rest, endständige hydrophile Gruppe (Schäumer, Netzer, keine Wäscher).

a) niedermolekulare fettsaure Salze, b) niedere Alkoholsulfate, c) Salze von Alkylnaphthalinsulfonsäuren, d) Harzseifen.

2. Stangen:

langer hydrophober Rest, eine endständige hydrophile Gruppe (Schäumer, Netzer, Wäscher).

a) höhermolekulare fettsaure Salze, b) Alkylsulfonate, c) Salze der Fettsäurekondensationsprodukte, d) höhere Alkoholsulfate, e) Äthylenoxydaddukte, auch sulfierte.

3. Störche:

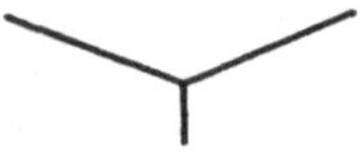

langer hydrophober Rest, mittelständige hydrophile Gruppe (Schäumer, Netzer, Wäscher).

a) blockierte Sulfooleate, Sulforicinoleate, b) sekundäre Alkylsulfate.

4. Zweiachser:

langer hydrophober Rest, zwei hydrophile Gruppen, eine mittel-, eine endständig (Dispergatoren, keine Wäscher).

a) Sulfooleate und Sulforicinoleate, b) Oleylalkoholdisulfate,

5. Flieger:

langer hydrophober Rest, zwei mittelständige hydrophile Gruppen (Dispergatoren, keine Wäscher, keine Netzer).

a) blockierte Ricinoldischwefelsäureester.

6. Dreiachser:

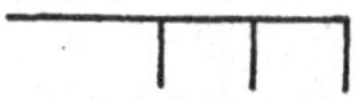

langer hydrophober Rest, drei hydrophile Gruppen, davon zwei mittel-, eine endständig (Dispergatoren, keine Wäscher, keine Netzer).

a) Ricinoldischwefelsäureester.

Aus der strukturellen Einteilung geht hervor, daß die Gruppen der Wäscher vorwiegend aus den Verbindungen mit langem hydrophoben Rest und einer endständigen hydrophilen Gruppe bestehen.

Nach Stüpel [74] können die waschaktiven Substanzen nach ihrem Verwendungszweck in drei Gruppen eingeteilt werden:

1. entfettende Stoffe (Abwaschmittel),
2. avivierende Substanzen (Feinwaschmittel),
3. hochwaschaktive und schmutztragende Verbindungen (Grobwaschmittel).

Auf die Zusammensetzung der drei Waschmittelgruppen soll im nachstehenden Abschnitt eingegangen werden.

4. Zusammensetzung der Wasch- und Reinigungsmittel

In den seltensten Fällen kommen die waschaktiven Substanzen in der Form in den Handel, wie sie die Fabrikation verlassen. Durch verschiedene Zusätze oder durch Kombination untereinander wird die Waschwirkung der einzelnen Verbindungen verbessert. Hauptbestandteil der üblichen pulverförmigen Waschmittel sind anorganische Verbindungen wie *Natriumsulfat*, *komplexe Phosphate*, *wasserlösliche Silicate*, *Soda* und ähnliche Chemikalien. Die Menge an waschaktiver Substanz ist weitaus geringer.

Durch Vermischen von zwei oder auch mehr waschaktiven Substanzen können in manchen Fällen Wascheffekte erzielt werden, die den einzelnen Verbindungen fehlen. Solche Kombinationen findet man heute in vielen handelsüblichen Waschmitteln. Häufig wird Mersolat z. B. mit Alkylsulfaten oder Alkylbenzolsulfonaten gemischt. Auch Fettsäurekondensationsprodukte oder nichtionogene Verbindungen zeigen im Gemisch mit Mersolat eine bessere Wirkung. Über die Steigerung der Waschwirkung des Mersolates durch Seife wurde bereits bei den Alkylsulfonaten gesprochen (S. 115).

4.01 Einfluß der Aufbaustoffe

Als wichtigste Eigenschaften der Aufbaustoffe können folgende genannt werden:

1. Verschiebung des pH-Wertes durch Hydrolyse,
2. Beeinflussung der Oberflächenspannung sowie des Emulgier- und Schaumvermögens,
3. Verbesserung der Dispergierwirkung und der Stabilität von Dispersionen,
4. Einfluß auf die Waschkraft und auf die zu reinigenden Stoffe.

Infolge Hydrolyse der schwach sauren Alkalisalze in wäßriger Lösung (z. B. bei den Carbonaten) tritt eine alkalische Reaktion auf. Dadurch wird der pH-Wert der Waschlauge verschoben. Durch alkalisch gestellte Lösungen werden fast alle Wasch- und Reinigungsprozesse günstig beeinflußt. Bei der Soda steigt die hydrolytische Spaltung und damit die Alkalität mit zunehmender Verdünnung und steigender Temperatur. Die sogenannte modifizierte Soda, ein Gemisch aus Natriumcarbonat und Natriumbicarbonat, ist weniger stark alkalisch, weil das Ion des Bicarbonats (HCO_3^-) in Gegenwart der Soda sich wie eine Säure verhält und puffert.

Ähnlich wie die Alkalicarbonate verhalten sich die Phosphate. Der pH-Wert der *Orthophosphate* nimmt vom *Mono-* zum *Trinatriumphosphat* zu. Auch die Lösungen der *Natrium-* und *Kaliumsilicate* sind alkalisch, und zwar hängt der Alkalitätsgrad vom SiO_2-Gehalt der Lösungen ab. Mit steigendem SiO_2-Gehalt geht der pH-Wert zurück.

Von geringerer Bedeutung ist der Einfluß der anorganischen Salze auf die Oberflächenaktivität der Lösungen. Einige *Silicate* und *Phosphate* sowie *Borax* zeigen beim Schütteln ihrer wäßrigen Lösungen bei bestimmten Konzentrationen eine mäßige Schaumbildung.

Sehr günstig beeinflussen die anorganischen Aufbaustoffe das Suspendiervermögen, und gleichzeitig verbessern sie die

Stabilität der Dispersionen. Durch die Elektrolyte werden die Schmutzteilchen, die infolge der oberflächenaktiven Wirkung der waschaktiven Substanzen auf der Faser gelockert wurden, in der Waschlauge fein verteilt, ohne sich wieder auf der Faser abzusetzen. Die Eigenschaft, Suspensionen zu stabilisieren, wird beim Waschvorgang Schmutztragevermögen genannt. Das Schmutztragevermögen wird allerdings noch durch andere Faktoren, wie z. B. durch Konstitution und Konzentration der waschaktiven Substanz, pH-Wert der Waschlauge, Art der Aufbaustoffe des Waschmittels, beeinflußt.

Einigen anorganischen Elektrolyten kommt eine ausgesprochene Waschkraft zu, die vor allem durch eine gewisse Quellung der Faser, durch die Suspendierwirkung und das Dispersionsstabilisiervermögen hervorgerufen wird. Zu diesen Stoffen gehören *Trinatriumphosphat*, *Tetranatriumpyrophosphat*, *Soda* und *Metasilicat*. Vielfach werden Textilien allerdings durch im Wasser gelöste anorganische Verbindungen mehr oder weniger stark angegriffen. In gleicher Weise erfolgt auch ein Angriff auf die Haut oder andere zu reinigende Gegenstände. Ein zu hoher Alkaligehalt der Waschlauge kann z. B. bei Cellulosefasern nach mehrfacher Anwendung zu starken Schäden bis zur vollständigen Zerstörung der Fasern führen. Allerdings treten so weitgehende Zerstörungen nur auf, wenn man verdünnte Natronlauge als Waschflüssigkeit verwendet; bei hydrolysierbaren Substanzen wie *Soda*, *Wasserglas* oder *Phosphaten* sind die Faserschäden geringer.

Eine negative Eigenschaft einiger anorganischer Elektrolyte ist die Bildung von Krusten auf Fasern und anderen Unterlagen. Wasserglas z. B. enthält *kolloides* Silicat ($Na_2O \cdot SiO_2$), welches je nach Konzentration, Temperatur und Anwesenheit anderer Elektrolyte mehr oder weniger stark auf den Fasern des Waschgutes niedergeschlagen wird. Derartige Inkrustierungen führen zu Verfärbungen des Gewebes und zu Faserschäden. Inkrustierungen können auch durch ungenügend enthärtetes Wasser, durch Kalk- und Magnesiumseifenbildung (bei mangelhaftem Kalkseifendispergiervermögen) oder Calciumphosphatablagerungen hervorgerufen werden.

Außer den anorganischen Elektrolyten kommen in vielen Waschmitteln als organische Aufbaustoffe die wasserlöslichen Celluloseäther oder andere höhermolekulare Kolloide vor. Das Schmutztragevermögen der Waschlaugen wird durch Zusatz derartiger Aufbaustoffe wesentlich verbessert. Da es sich bei den *Carboxymethylcellulosen* nicht um

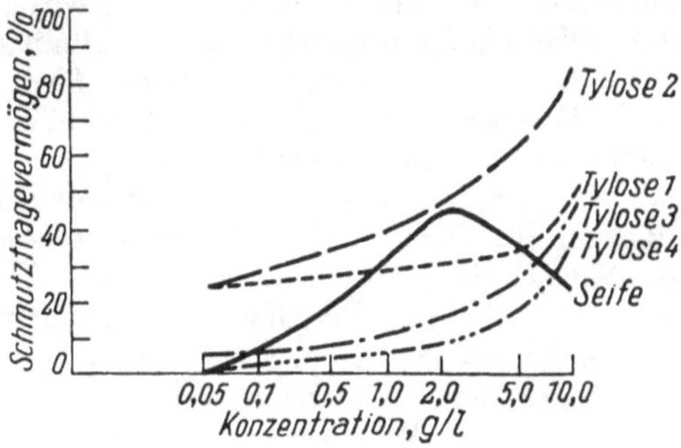

Abb. 27 Schmutztragevermögen verschiedener Carboxymethylcellulosen im Vergleich mit Normalseife nach Stüpel [75]

chemisch einheitliche Substanzen handelt, sondern um technische Produkte mit einem unterschiedlichen Grad der Polymerisation und Verätherung sowie verschiedenem Gehalt an Celluloseglykolat und Verunreinigungen, sind die Wirksamkeiten der einzelnen Produkte nicht gleich. Nach Stüpel [75] ändert sich das Schmutztragevermögen der *Tylose*-Typen der Fa. Kalle u. Co. mit der Konzentration. Abbildung 27 zeigt das Verhalten der Produkte im Vergleich zur Seife. Danach eignet sich der Typ 2 am besten zur Verbesserung des Schmutztragevermögens.

4.02 Bleichmittel und optische Aufheller (Weißtöner)

Bleichmittel und/oder optische Aufheller sind heute zu einem üblichen Bestandteil vieler moderner Waschmittel geworden. Während die Bleichmittel durch ihre reduzierende oder oxydierende Wirkung eine chemische Veränderung der färbenden Substanzen bewirken, wird bei den optischen Aufhellern die *Fluoreszenz* zur Weißtönung ausgenutzt.

Das wenig stabile *Natriumpercarbonat* (Na_2CO_4 oder $Na_2C_2O_6$) wurde weitgehend von dem *Natriumperborat* ($NaBO_2 \cdot H_2O_2 \cdot 3H_2O$) verdrängt. Natriumperborat ist in Waschmitteln in einer Menge von 5 bis 10% enthalten, so daß auf 1 *l* Waschlauge ungefähr 0,5 g Bleichmittel kommen. Durch Zusatz von etwa der gleichen Menge *Metasilicat* oder *Phosphat* wird das Perborat stabilisiert, um einen vorzeitigen Zerfall zu verhindern.

Seltener findet man heute in den Waschmitteln chlorhaltige Bleichmittel. Eine gute Bleichwirkung schreibt man z. B. dem *Natriumchlorit* ($NaOCl_2$) zu.

Als optischer Aufheller war früher, und ist in manchen Ländern auch heute noch, das sogenannte Waschblau (*Ultramarin* oder organische blaue Farbstoffe) weit verbreitet. Es sollte der Wäsche durch Kompensation des Rot- und Gelbgehaltes ein leuchtendes Weiß verleihen. Moderne optische Aufheller bestehen heute aus Substanzen, die eingestrahltes UV-Licht durch Fluoreszenz als langwelligeres Licht reflektieren. Derartige Stoffe sind z. B. das *Cumarin* und das *Dioxycumarin* als älteste Vertreter der optischen Aufheller und die *Diaminostilbendisulfonsäure* als neueres Produkt:

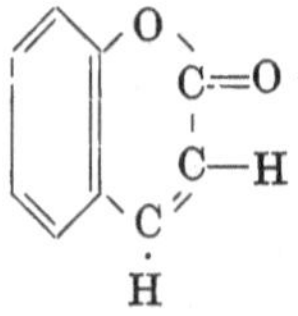

Cumarin

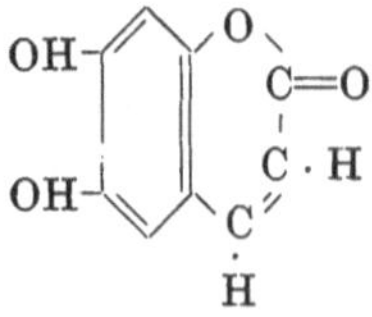

Dioxycumarin

als Glucosid: *Äsculin*

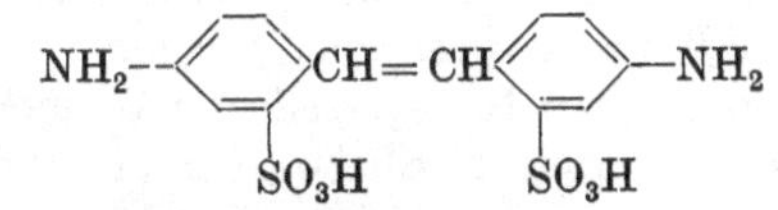

Diaminostilbendisulfonsäure

Die Eigenschaften der Weißtöner können je nach Verwendungszweck (für Eiweiß- oder Cellulosefasern) durch Einführung der *Harnstoffgruppe*, von *Triazin-* oder *Cyanur-*Ringen oder ähnlichen Gruppen beeinflußt werden.

Waschmittel enthalten nur geringe Mengen der optischen Aufheller, etwa 1 bis 0,1%. Im Handel sind diese Produkte unter den verschiedensten Namen zu finden, z. B. als *Blankophore* und *Leukophore*.

4.03 Organische Komplexbildner

Wie die komplexen Phosphate oder Silicate sind auch einige organische Verbindungen befähigt, die Erdalkaliionen als Komplexsalze zu binden. Es handelt sich vor allem um Polycarbonsäuren, die unter dem Handelsnamen *Trilon* bekannt geworden sind. *Trilon BW* ist das Natriumsalz der *Äthylendiamintetramethylcarbonsäure* mit nachstehender Formel:

$$\begin{matrix} NaOOC\cdot CH_2 \\ NaOOC\cdot CH_2 \end{matrix}\!\!>N\cdot CH_2CH_2\cdot N<\!\!\begin{matrix} CH_2COONa \\ CH_2COONa \end{matrix}$$

Setzt man den synthetischen waschaktiven Stoffen organische Komplexbildner zu, so wird ihre Waschkraft zwar gesteigert, jedoch nicht die Waschwirkung erreicht, welche bei Zugabe komplexer Phosphate erzielt wird. Eine weitere wertvolle Eigenschaft des *Trilon BW* ist eine *antikatalytische* Wirkung gegenüber Oxydationsvorgängen, die durch Luftsauerstoff oder durch aktiven Sauerstoff hervorgerufen werden. Das Ranzigwerden der Seife kann durch *Trilon BW* stark vermindert werden.

Die bisher genannten Bestandteile der Waschmittel üben im Gemisch einen unterschiedlichen Einfluß auf die eigentliche waschaktive Substanz und damit auf den Waschprozeß aus. In manchen Fällen besteht noch keine völlige Klarheit über den Einfluß der einzelnen Komponenten auf die Waschwirkung.

4.04 Abwaschmittel

Oft enthalten flüssige Abwaschmittel nur eine waschaktive Substanz, z. B. *Alkylsulfonat* (*Mersolat*) in einer Menge von 4 bis 10%, der Rest ist meist Wasser und eventuell etwas Alkohol. Zur Verbesserung der Wirkung kommen flüssige Abwaschmittel auch mit *Polyphosphaten* und Lösungsvermittlern (*Glykoläther*) in den Handel. Feste Abwaschmittel enthalten ähnliche Bestandteile wie die flüssigen Produkte. Neben 25 bis 35% waschaktiver Substanz findet man darin 10 bis 15% Phosphate, 0 bis 3% Carboxymethylcellulose sowie 30 bis 50% Natriumsulfat.

Derartige Abwaschmittel ergeben neutrale Waschflüssigkeiten mit einem pH-Wert von 7,8. Sie sind zumeist säure- und alkalibeständig und frei von gesundheitsschädlichen Zusätzen. Durch hartes Wasser wird ihre Wirksamkeit kaum beeinträchtigt. In Mengen von etwa 2 bis 10 g pro *l* Wasser werden sie im Haushalt als Reinigungs- und Geschirrspülmittel verwendet. Bedeutende Quantitäten davon gehen in die Betriebe der Lebensmittelindustrie, wie Molkereien, Brauereien u. ä.

4.05 Feinwaschmittel

Empfindliche Textilien synthetischer oder animalischer Herkunft (Wolle, Seide) werden mit Feinwaschmitteln gereinigt, um Fasern und Farbe nicht zu schädigen. Das erste und älteste synthetische Produkt dieser Art ist das *Fewa* (Kurzwort aus *Feinwaschmittel*). Ursprünglich enthielt *Fewa* als waschaktive Substanz *Laurylsulfat*, heute außer *Alkylsulfaten* auch *Alkylsulfonat*.

In modernen Feinwaschmitteln sind häufig mehrere waschaktive Stoffe enthalten, wobei die Waschwirkung der einzelnen Komponenten von der Kombination in vielen Fällen übertroffen wird. So wird z. B. die Waschkraft der *Alkylsulfonate* durch *Alkylsulfate*, *Fettsäurekondensationsprodukte*, Alkylbenzolsulfonate oder nichtionogenen Verbindungen verbessert. Auch Kombinationen von Alkylbenzolsulfonaten, Alkylsulfaten und nichtionogenen Stoffen finden in Verbindung mit komplexen Phosphaten, Celluloseäthern, Natriumsulfat usw. weitgehende Verwendung als Feinwaschmittel. Bleichmittel und optische Aufheller sind meist nur in geringen Mengen enthalten.

Feinwaschmittel zeigen die beste Waschwirkung bei Temperaturen bis 50 °C. Wie die Abwaschmittel ergeben auch die Feinwaschmittel in Lösung einen pH-Wert von 7,0 bis 7,8 und werden deshalb als Neutralwaschmittel bezeichnet. Moderne Produkte sind bei jeder Temperatur in Wasser gut löslich und gegen Säuren, Alkalien und hartes Wasser beständig. Außerdem müssen sie ungiftig sein und eine gute Hautverträglichkeit aufweisen.

Für die Zusammensetzung eines Feinwaschmittels, das auch als Abwaschmittel verwendet werden kann, kann folgendes Rezept als charakteristisch angesehen werden:

10 bis 35% waschaktive Substanz,
10 bis 80% Natriumsulfat,
0 bis 35% Phosphate,
0 bis 3% Carboxymethylcellulose.

Neben Wassermengen von 5 bis 10% enthalten die Feinwaschmittel oft noch Natriumperborat (0 bis 10%), optische Aufheller (0 bis 0,1%), etwas Natriumchlorid als Verunreinigung und eventuell Hautschutzstoffe (Überfettungsmittel).

4.06 Grobwaschmittel

Grob- oder auch Kochwaschmittel sind speziell für Waschtemperaturen oberhalb 50 °C gedacht und zeigen in dem Temperaturbereich von 60 bis 100 °C die beste Waschwirkung. In fast allen Fällen sind derartige Produkte alkalischer eingestellt als die Feinwaschmittel. Die Waschflotten erreichen durch Zusatz von Soda, Silicaten und größeren Mengen Phosphat pH-Werte von 9 bis 10 und damit eine erhöhte Waschkraft.

Grobwaschmittel können ungefähr folgende Zusammensetzung haben:

5 bis 35% waschaktive Substanz,
15 bis 40% Natriumsulfat,
20 bis 50% komplexe Phosphate,
0 bis 15% Silicate,
0 bis 20% Soda,
0 bis 3% Carboxymethylcellulose.

In kleineren Mengen enthalten sie auch Natriumperborat (0 bis 10%), Natriumchlorid (bis 5%), optische Aufheller (0 bis 0,1%) sowie Kristallwasser (bis 15%). Die waschaktive Substanz kann zum Teil aus Seife bestehen.

Ein hoher Phosphatgehalt trägt wesentlich zur Verbesserung der Wascheigenschaften der Grobwaschmittel bei.

4.07 Universalwaschmittel

Bei Universalwaschmitteln handelt es sich um Produkte, die sowohl bei niederen als auch bei hohen Temperaturen eine gute Waschwirkung aufweisen. Die Waschlauge hat bei 40 °C einen pH-Wert von 7,0 bis 7,5; bei höheren Temperaturen steigt der pH-Wert auf 9 und darüber. Die Steigerung des pH-Wertes wird durch Natriumbicarbonat herbeigeführt, welches bei niederen Temperaturen unzersetzt in Lösung geht, beim Erwärmen aber in Natriumcarbonat (Soda) und Kohlendioxyd zerfällt. Durch Hydrolyse der

Soda erhöht sich der pH-Wert. In der sonstigen Zusammensetzung ähneln die Universalwaschmittel den Grobwaschmitteln in vieler Hinsicht.

4.08 Schnell- oder selbsttätige Waschmittel

Erst in den letzten Jahren sind Schnell- oder selbsttätige Waschmittel unter verschiedenen Namen im Handel erschienen (*Wok* usw.) und erfreuen sich heute größter Beliebtheit. Ihre Wirkung beruht auf einem verhältnismäßig hohen Gehalt an Sauerstoffüberträgern. Sonst sind sie in ihrer Zusammensetzung teils den Feinwaschmitteln, teils den Grobwaschmitteln ähnlich.

4.09 Spezielle Wasch- und Reinigungsmittel

Gewerbliche Wäschereien verwenden zumeist speziell auf die Maschinenwäsche eingerichtete Waschmittel mit geringem Schaumvermögen, wie z. B. nichtionogene Stoffe, in Verbindung mit den üblichen Aufbaustoffen und kleinen Mengen anionaktiver Substanzen.

Für spezielle Anwendungsgebiete werden Spezialgemische angefertigt. Hierzu gehören die *Einweich-* und *Enthärtungsmittel* für die Haushaltwäsche (z. B. *Bleichsoda*), die vorwiegend aus Soda und Wasserglas bestehen und den Schmutz auf den Textilfasern lockern und gröbere Teile entfernen sollen. Durch das Aufkommen der modernen Waschmittel erübrigt sich vielfach ein Einweichen der Wäsche und auch die Wasserenthärtung, so daß die Einweich- und Enthärtungsmittel sehr an Bedeutung verloren haben.

Spülmittel für die Haushaltwäsche sollen nach dem Waschen Schmutzreste und Waschmittelrückstände entfernen. Sie bestehen vorwiegend aus schwach alkalischen Phosphaten und Natriumperborat zum Bleichen und zur Beseitigung unangenehmer Gerüche sowie einer geringen Menge einer waschaktiven Substanz zur Verbesserung der

Netzfähigkeit. Außerdem sollen Alkalisilicate in Spülmitteln das Bleichmittel stabilisieren. Weitere Komponenten sind optische Aufheller, etwas Parfüm und Natriumsulfat als Füllmaterial. In den USA werden in neuerer Zeit *kationaktive* Stoffe in Verbindung mit *optischen Aufhellern* als *Spülmittel* eingesetzt, um der Wäsche einen weichen und gefälligen Griff zu verleihen. Die kationaktive Substanz wird durch die ungleiche elektrostatische Aufladung auf der Faser niedergeschlagen und bindet dabei den optischen Aufheller.

4.10 Industriereiniger

Zur Grobreinigung in den verschiedensten Industriezweigen, wie Getränkeindustrie, Molkereien, Landwirtschaft, Reparaturbetriebe und metallverarbeitende Betriebe, werden sogenannte *Industriereiniger* in großen Mengen angewendet. Sie stellen vorwiegend alkalische Salzgemische dar und enthalten Alkaliphosphate (Trinatriumphosphat), Alkalisilicate, Soda, Natriumsulfat sowie Netz- und Emulgiermittel. Die Zusammensetzung der vielen Sorten richtet sich nach dem Verwendungszweck.

Zu erwähnen ist hier noch die Gruppe der *Scheuermittel*, die außer den üblichen Waschmittelkomponenten in unterschiedlicher Menge noch Bimssteinpulver verschiedenster Korngröße oder feinen Sand enthalten. Ein Vertreter dieser Gruppe ist das *Ata*.

5. Weitere Anwendungsgebiete für oberflächenaktive Substanzen

Daß die Wasch- und Reinigungsindustrie sowie die Haushalte nur einen Anteil an der Nutzung der oberflächenaktiven Stoffe haben, zeigt eindringlich die nachfolgende Zusammenstellung [76]:

Wasch- und Reinigungsmittel für den Haushalt	51,5%
Erdölindustrie	17,0%
Zement- und Baustoffindustrie	7,0%
Konfektionierte Reiniger	4,5%
Metallindustrie, Flotation	3,5%
Textilindustrie	3,0%
Lebensmittelindustrie	2,5%
Chemische Zwischenprodukte	2,0%
Kosmetische Industrie	2,0%
Landwirtschaft (Schädlingsbekämpfung)	1,0%
Chemische Reinigung	1,0%
Sonstige Verbraucher	5,0%

Die weitaus größte Menge der oberflächenaktiven Substanzen wird in den Haushalten verbraucht, während die Textilindustrie nur 3,0% benötigt.

Beachtlich ist die von der Erdölindustrie benötigte Menge von 17%, die hauptsächlich für die Bohrlochspülungen eingesetzt wird. Es handelt sich dabei vorwiegend um sekundäre Alkylsulfate, die man durch Sulfierung höherer Olefine aus Erdölfraktionen nach Art des Teepol erhält.

In der Baustoffindustrie werden Netzmittel verschiedenster Qualität als Betonverflüssiger, Emulgatoren und Luftporenbildner benutzt. Bei der Betonverflüssigung wird durch die oberflächenaktive Substanz die innere Reibung herabgesetzt, wodurch das Fließen von Beton beschleunigt wird. Die Bildung von Luftporen spielt bei der Herstellung von Schaumbeton eine gewisse Rolle. Außerdem beschleunigen oberflächenaktive Stoffe das Abbinden des Betons.

Zu den konfektionierten Reinigern werden Abwaschmittel, Fensterreinigungsmittel, Autoshampoos und dergleichen gezählt. Der Verbrauch von 4,5% ist beachtlich.

Dagegen erscheint die von der Metallindustrie verbrauchte Menge gering. In der Metallindustrie sind die Verwendungszwecke sehr unterschiedlich. Wichtig sind die Bohr- und Schneidöle für die mechanische Bearbeitung, in denen oberflächenaktive Verbindungen vorwiegend als Emulgatoren wirken. Sie wurden früher aus sulfierten Fetten und Ölen hergestellt, die heute jedoch weitgehend durch rein synthetische Produkte ersetzt sind. Oberflächen der verschiedensten Werkstücke müssen vor ihrer Bearbeitung (z. B. Korrosionsschutz) häufig einwandfrei gesäubert sein, um ein gutes Haften der Korrosionsschutzschicht zu gewährleisten. Außer der Behandlung mit organischen Lösungsmitteln wird die Reinigung mit geeigneten oberflächenaktiven Stoffen oder mit Dampf durchgeführt. Die Qualität derartiger Substanzen richtet sich nach dem jeweiligen Verwendungszweck, zumeist sind sie stark alkalisch. Galvanischen Bädern werden Netzmittel aus verschiedenen Gründen zugesetzt. Einmal reinigen sie die Oberfläche des Werkstückes, zum andern bewirken sie eine Verkleinerung der abgeschiedenen Metallkristalle, wodurch die Metallauflage gleichmäßig verteilt und der Glanz beim fertigen Stück verbessert wird. Zum Einsatz kommen hier Alkylsulfonate, sekundäre Alkylsulfate, primäre Alkylsulfate, Alkylnaphthalinsulfonate und Sulfobernsteinsäureester.

Die Flotation benötigt eine beträchtliche Menge Synthetika. Auch hier wurden ursprünglich Rotöle eingesetzt, die heute jedoch durch definierte Produkte ersetzt werden. Häufig werden primäre Alkylsulfate sowie quaternäre Ammoniumverbindungen angewendet. Oberflächenaktive Stoffe werden auch unter Tage zum Benetzen und Niederschlagen von Staub, bei der Zerkleinerung des Gesteins und zur Erleichterung des Bohrens verwendet.

Die Lebensmittelindustrie braucht die Synthetika nicht nur als Reinigungsmittel für Gefäße, sondern setzt auch für bestimmte Bearbeitungen verschiedenen Produkten oberflächenaktive Stoffe zu. Emulsionen und Pasten einiger Nahrungsmittel können folgende Synthetika enthalten (nach HARRIS [77]): *Cholesterylbetainchlorid*, *Cetylbetainchlorid*, *Melissylbetainchlorid*, *Natriumbutylsulfat* und ähnliche Verbindungen.

Ein Teil der Synthetika dient zur Herstellung der verschiedensten chemischen Produkte wie Farben, Medikamenten usw.

In der kosmetischen Industrie spielen Netz- und Waschmittel für die verschiedensten Reinigungszwecke und hauptsächlich als Emulgatoren eine gewisse Rolle. Vor allem enthalten Hautcremes und ähnliche Produkte Seifen oder synthetische oberflächenaktive Stoffe als Emulgatoren. Auch andere kosmetische Präparate werden mit Synthetika hergestellt, die teils als Netzmittel und teils als Emulgator wirken.

Das Ausbreiten von Schädlingsbekämpfungsmitteln auf der Unterlage und die Benetzung der Schädlinge wird durch viele oberflächenaktive Substanzen gefördert. Teilweise zeigen *Synthetika* an und für sich schon eine *insektizide* Wirkung, z. B. sind *höhermolekulare Alkylarylsulfonate*, *polyalkylierte Naphthalinsulfonate* und andere Verbindungen (*Nonionics*) zum Einsatz gekommen. Für *arsenhaltige Insektizide* lassen sich primäre Alkylsulfate, Alkylarylsulfonate und auch Seifen als Netzmittel einsetzen. Die Wirkung wird in allen Fällen durch Zusätze von oberflächenaktiven Verbindungen erheblich gesteigert.

Außer den bisher genannten Verwendungsmöglichkeiten sind noch zu nennen: Ölfarben, Lacke und Anstrichmittel enthalten Netzmittel zur Suspendierung der Pigmente und um auf dem Untergrund besser zu haften. Nichtionogene oder auch kationaktive Stoffe lassen sich einsetzen, um die Stabilität von Emulsionen zur Herstellung von Filmen zu erhöhen und um die Lichtempfindlichkeit zu verbessern. Auch bei Zusatz von Netzmitteln zu Entwicklerbädern wird eine Verbesserung erzielt. Durch die Netzmittelzugabe kann der Entwickler überall gleichmäßig einwirken (Egalisierwirkung wie in der Färberei). — Klebstoffen werden Netzmittel zugesetzt, um auch im kalten Zustand eine gute Verteilung auf der Oberfläche zu erreichen und um ihre Viskosität zu erniedrigen. — In der chemischen Industrie haben oberflächenaktive Stoffe verschiedene Funktionen. Bei der Herstellung von synthetischem Kautschuk und von Kunststoffen spielen Netzmittel als Emulgatoren bei der Polymerisation eine wichtige Rolle. Für die Butadien-Styrol- oder Butadien-Acrylnitril-Polymerisation werden große Mengen *Diisobutylnaphthalinsulfonsäure* verbraucht. Für die Synthesen von Kunststoffen werden je nach Art der Lösung entweder anionaktive Emulgatoren (in alkalischen Bädern) oder nichtionogene Substanzen (in saurem Milieu) verwendet. Geeignet sind fast alle oberflächenaktiven Stoffe. — Gut schäumende Synthetika werden bei der Brandbekämpfung dem Löschwasser zugefügt, so daß sich an der Brandstelle eine Schaumschicht ausbildet, die der Luft den Zutritt verhindert. Außerdem wird eine bessere Benetzung der vom Feuer bedrohten Gegenstände erreicht. — Zum Schluß soll noch die Anwendung der Netzmittel in der Landwirtschaft erwähnt werden (vor allem in der Tierzucht), da sie, in kleinen Dosen dem Viehfutter beigemengt, dessen Ausnutzung verbessern sollen. Man stellte z. B. fest, daß in einem Teich, in den synthetikahaltige Abwässer geleitet wurden, die Karpfen bedeutend schwerer wurden als in einem anderen Gewässer. Die Ansichten darüber widersprechen sich allerdings in einigen Fällen.

Jedoch scheint die grundsätzliche Anmerkung angebracht zu sein, daß die Entwicklung noch in vollem Fluß ist. Man kann noch mit einer erheblichen Ausweitung der Anwendung, besonders in den industriellen Bereichen, rechnen.

6. Analytik

Nur die wichtigsten Untersuchungsmethoden sollen kurz erwähnt werden. Die Analytik des Gebietes kann in drei Gruppen gegliedert werden:

1. Untersuchung der Rohstoffe,
2. Untersuchung der Fertigprodukte,
3. Gebrauchswertbestimmung.

In einigen Fällen werden in den Gruppen 1 und 2 die gleichen Methoden angewendet.

6.1 *Untersuchung der Rohstoffe*

Die größte Bedeutung als Ausgangsstoffe für die Wasch- und Netzmittelherstellung haben noch immer *Fette*, *Fettsäuren*, *Fettalkohole*, verschiedene *Paraffine* und *Olefine*. Bevor diese Materialien zur Verarbeitung eingesetzt werden, ist eine eingehende Untersuchung notwendig, wenn man nicht Gefahr laufen will, minderwertige Produkte zu erhalten. An dieser Stelle sollen nur die üblichsten Untersuchungsmethoden aufgeführt werden.

a) Physikalische Kenndaten:
   1. Äußere Beschaffenheit,
   2. Siedepunkt und Schmelzpunkt (Erstarrungspunkt),
   3. Dichte,
   4. Lichtbrechungsvermögen.

b) Chemische Untersuchungsmethoden:
   1. Wassergehalt,
   2. Bestimmung der festen Fremdstoffe,
   3. Bestimmung der Neutralisations-(Säurezahl) und der Verseifungszahl,
   4. Bestimmung der Hydroxylzahl,
   5. Bestimmung der ungesättigten Verbindungen: Brom- (bzw. Jod-)zahl, Rhodanzahl, Olefine nach Kattwinkel bzw. nach A. S. T. M. — D 1019 bis 49 (T),
   6. Bestimmung der Siedegrenzen.

Diese Untersuchungen werden nach den allgemein üblichen Methoden durchgeführt, wie sie z. B. in nachstehender Literatur beschrieben sind:

1. Deutsche Einheitsmethoden zur Untersuchung von Fetten, Fettprodukten und verwandten Stoffen, herausgegeben von der Deutschen Gesellschaft für Fettwissenschaft. Wissenschaftliche Verlagsgesellschaft m. b. H., Stuttgart 1950.
2. HOLDE D., Kohlenwasserstofföle und Fette, Springer-Verlag, Berlin 1933,

3. Zerbe C., Mineralöle und verwandte Produkte, Springer-Verlag, Berlin 1952,
4. Marcusson J., Püschel F., Dierichs A., Die Untersuchung der Fette und Öle, Verlag Wilhelm Knapp, Halle 1952.

6.2 Untersuchung der oberflächenaktiven Substanzen und der Waschmittel

Im allgemeinen stellen die oberflächenaktiven Substanzen und die Waschmittel Gemenge verschiedener Bestandteile dar. Wie bereits erwähnt, sind außer den organischen oberflächenaktiven Verbindungen noch anorganische Aufbaustoffe und organische Substanzen wie *Celluloseäther*, *Neutralöle*, *Hautschutzmittel* und ähnliche vorhanden. Mit der Trennung derartiger Gemische hat sich vor allem Wurzschmitt [78] beschäftigt. In Anlehung an die sehr eingehenden Arbeiten sollen zuerst einige der wichtigsten Reaktionen zur Unterscheidung der oberflächenaktiven Substanzen angeführt werden: Die Anwesenheit oberflächenaktiver Stoffe läßt sich bereits beim Schütteln der wäßrigen Lösung an der Schaumbildung erkennen.

Zur Unterscheidung der anion- und kationaktiven sowie der nichtionogenen Substanzen ist folgender Weg geeignet: Aus dem Gemenge werden die aktiven Stoffe mit Hilfe semipolarer Lösungsmittel, wie z. B. des *Äthyl-*, *Methyl-*, *Isopropylalkohol* oder auch *chlorierter Kohlenwasserstoffe* extrahiert. Die Kolloidmicellen lösen sich darin, während die anorganischen Stoffe ungelöst zurück bleiben. Die Aktivstoffe können im Extraktionsapparat nach Soxhlet oder nach der Strepkovschen Durchtropfmethode isoliert werden. Für quantitative Bestimmungen wird der Extrakt nach dem Abdampfen des Lösungsmittels bei 100 bis 105 °C getrocknet, ausgewogen und aus der gefundenen Menge der Aktivstoffgehalt berechnet. Bei stark wasserhaltigen Produkten werden zuweilen anorganische Teile gelöst, und diese verursachen einen zu hohen Aktivstoffgehalt.

Die mit Alkohol extrahierte oberflächenaktive Substanz wird zur weiteren Untersuchung eingesetzt.

Prüfung auf anionaktive Stoffe

Zu einer etwa 1%igen Lösung des mit Alkohol extrahierten Aktivstoffes wird tropfenweis eine verdünnte *Aluminiumacetatlösung* (25 ml essigsaure Tonerde DAB 6 in 250 ml Wasser) gegeben. Bei Anwesenheit anionaktiver Verbindungen entsteht an der Eintropfstelle sofort ein weißer bis gelblichweißer Niederschlag, der durch weitere Zugabe von Aluminiumacetatlösung verstärkt wird. Bei zu schnellem Zutropfen löst sich der Niederschlag wieder im Fällungsmittel.

Einige kationaktive Substanzen lassen sich ebenfalls zum Nachweis anionaktiver Stoffe verwenden. So gibt eine 1%ige *Zephirollösung* bei Anwesenheit anionaktiver Stoffe einen Niederschlag. Es tritt dabei folgende Umsetzung ein:

$$R \cdot O \cdot SO_3 \cdot Me + R' \cdot NH_2 \cdot Ac \rightarrow R \cdot O \cdot SO_3 \cdot NH_2 \cdot R' + MeAc$$

Prüfung auf kationaktive Stoffe

Zum Fällungsnachweis eignen sich vielfach anionaktive Verbindungen mit einem möglichst großen Anion sowie verschiedene anorganische Salze komplexer Säuren (*Ferro-* und *Ferricyankalium*, *Nitroprussidnatrium*, *Natriummetaphosphat*, *Jod-Jodkalium* u. a.).

Besonders für *ternäre* und *quaternäre* Substanzen ist folgender Nachweis geeignet: Zur wäßrigen Lösung der Substanz wird eine klare 1%ige Lösung von *Nekal BX*, *Mersolat* oder *Gardinol* zugetropft. Bei Anwesenheit kationaktiver Verbindungen bildet sich ein dichter weißer Niederschlag.

In ähnlicher Weise läßt sich der Nachweis mit einer 5%igen Lösung von *Nitroprussidnatrium* führen. Ein orangefarbener Niederschlag zeigt die Anwesenheit kationaktiver Verbindungen an.

Nachweis der einzelnen anionaktiven Substanzen

Aus Seifenlösungen werden durch 5%ige Essigsäure die Fettsäuren abgeschieden, so daß man an der auftretenden Trübung auf die Anwesenheit von Seife schließen kann. Außerdem tritt beim Schütteln kein Schaum mehr auf. Entsteht weiterhin Schaum, so sind Alkylsulfate oder Sulfonate in der Lösung, deren Salze durch die schwache Essigsäure nicht zersetzt werden. Durch verdünnte wäßrige Mineralsäuren (z. B. Salzsäure) tritt eine Hydrolyse der Salze der Schwefelsäureester ein, und es entstehen Alkohole und Schwefelsäure. Bleibt auch dann noch das Schaumvermögen erhalten, können Salze der echten Sulfonsäuren vorliegen, die von wäßriger Mineralsäure nicht gespalten werden.

Weitere wichtige Hinweise auf die Zusammensetzung erhält man aus der Elementaranalyse. Wird kein Stickstoff und kein Schwefel gefunden, so kann es sich nur um gewöhnliche Seifen handeln. Allerdings enthalten auch die *Alkyl-* und *Alkylphenylpolyglykoläther* diese Elemente nicht.

Bei Anwesenheit von Stickstoff kann es sich um *Säureamidcarbonsäuren* oder *Fettsäure-Eiweiß-Kondensationsprodukte* handeln. Mit Hilfe der *Biuretreaktion* lassen sich *Eiweiß-Kondensationsprodukte* nachweisen. Dazu gibt man zur Lösung der Substanz erst einen Überschuß an Natronlauge und anschließend eine sehr verdünnte Kupfersulfatlösung. Eine violette bis blauviolette Färbung weist auf Eiweißkondensate hin.

Enthält die Substanz Schwefel, so können entweder die Schwefelsäureestersalze oder Sulfonate vorliegen, deren Unterscheidung durch Kochen mit verdünnter Salzsäure gelingt. Bei den Schwefelsäureestern kann es sich um primäre Alkylsulfate, sekundäre Alkylsulfate oder um sulfierte Fettsäuren (*Rotöle*) handeln. Auch *Monoglyceridsulfate* werden gespalten und geben Glycerin, Fettsäure und Schwefelsäure. Ergeben die Spaltprodukte, die sich ölartig abscheiden, keine Verseifungszahl, so handelt es sich um Fettalkohole. Durch Bestimmung der *Hydroxyl-* oder *Versei-*

fungszahl der gespaltenen Ester kann ihre mittlere Molmasse ermittelt werden.

Läßt sich bei der Spaltung mit Salzsäure in der Lösung keine Schwefelsäure nachweisen (Fällung mit Bariumchlorid), liegen wahrscheinlich *Alkyl-* oder *Alkylarylsulfonate* vor, deren -SO_3H-Rest vom Alkyl nicht getrennt wird.

Aromatische Sulfonsäuren können durch Alkalischmelze in die Alkalisalze der entsprechenden Phenole überführt werden. Aus den Phenolen entstehen mit Diazoverbindungen orangefarbene bis violette Farbstoffe. Zur Durchführung des Nachweises werden etwa 0,5 g des Alkoholextraktes in einem Nickeltiegel mit etwa 3 g Ätznatron erwärmt und ungefähr 10 Minuten auf 280 °C gehalten. Die erkaltete Schmelze wird in Wasser gelöst, mit konzentrierter Salzsäure angesäuert und die in Wasser unlösliche Substanz mit Äther extrahiert. Nach zweimaligem Waschen des Äthers mit Wasser wird mit etwa 3 ml 2n Natronlauge ausgeschüttelt. Vorhandene Phenole bilden wieder Natriumphenolate. Mit konzentrierter Essigsäure wird die überschüssige Lauge neutralisiert und die Lösung schwach sauer eingestellt. Gibt man zu dieser Lösung 1 ml einer 1%igen filtrierten Lösung von *Nitrazol* (*p-Nitrobenzoldiazonium-p-chlorbenzolsulfonat*), so entsteht bei Anwesenheit aromatischer Verbindungen ein hellroter bis roter flockiger Niederschlag. Der gefällte Farbstoff gibt nach Zusatz von einigen Tropfen 10%iger Natronlauge eine violette bis blutrote Lösung, wenn *Naphthalinderivate* vorliegen, während bei *Benzolderivaten* eine orange bis braunrote Färbung auftritt. *Harzsäuren* aus *Kolophonium* oder *Naphthensäuren* ergeben himbeerrote bzw. rotbraune Lösungen. Die Färbung muß gut erkennbar sein.

Nachweis der einzelnen kationaktiven Substanzen

Kationaktive Substanzen sind bedeutend weniger als anionaktive verbreitet. Nach WURZSCHMITT ist die *Permanganat-* und auch die *Tanninprobe* zwar anwendbar, jedoch nicht eindeutig.

Bei der Permanganatprobe werden ungefähr 20 m*l* der wäßrigen Lösung langsam mit einer 0,05 n $KMnO_4$-Lösung versetzt, bis die Fällung beendet ist. Schüttelt man das Gemisch kurz mit etwa 5 bis 10 m*l* Chloroform, so färbt sich die Chloroformschicht rot bis rotviolett, wenn ternäre oder quaternäre kationaktive Verbindungen vorliegen. Die Färbung geht nach einigen Minuten in Hellbraun über. Salze der primären, sekundären und tertiären Amine reagieren in manchen Fällen auch positiv, so daß dieser Nachweis nicht ganz einwandfrei ist.

Der Nachweis *nichtquaternärer* Substanzen mit der *Tanninprobe 2* ist nicht immer eindeutig, da auch *Polyglykoläther* eine positive Reaktion geben können. Zur Ausführung des Nachweises werden einige Milliliter der in Wasser gelösten Substanz (Alkoholextrakt) mit einer Tanninlösung (5%ig) versetzt. Die Probe ist positiv, wenn eine milchige Trübung auftritt. Quaternäre Verbindungen geben keine Trübung.

Nachweis der Polyalkylenoxydaddukte

Wie bereits erwähnt, verhalten sich die *Polyalkylenoxydaddukte* ähnlich wie die kationaktiven Verbindungen und geben bei den Nachweisen positive Reaktionen. Die nachstehend beschriebene Probe ist spezifisch für alle *Polyalkylenimine*, für *kationaktive Verbindungen* und alle *Polyalkylenoxydaddukte*, unabhängig vom Grad der Oxäthylierung, der Größe des oxäthylierten Restes und von eventueller Sulfierung.

Ammoniumkobaltrhodanidprobe: (17,4 g *Ammoniumrhodanid* und 2,8 g *Kobaltnitrat* werden in 100 m*l* Wasser gelöst). Die wäßrige Lösung der Substanz wird tropfenweise mit dem Reagens versetzt. Sind die genannten Verbindungen anwesend, tritt nach dem Durchschütteln eine starke himmelblaue Fällung auf. Wenn keine kationaktiven Stoffe vorhanden sind, zeigt ein positiver Nachweis *Polyalkylenoxydaddukte* an.

Für Polyalkylenoxydaddukte mit etwa 10 Mol Äthylenoxyd/Mol ist die *Erwärmungsprobe 1* eine spezifische Reaktion, allerdings nur für unsulfierte Produkte. Dazu werden einige Milliliter einer wäßrigen Lösung der Substanz in einem Reagenzglas über kleiner Flamme langsam erwärmt. Wenn sich die Lösung vom erwärmten Boden des Reagenzglases her trübt und beim Sieden völlig trüb wird, ist die Reaktion positiv. Die auftretende Trübung ist desto stärker, je länger der oxäthylierte Rest ist. Auch *Polyalkylenimin-addukte* geben meist positive Reaktion. Die Ursache der Trübung wurde auf Seite 158 beschrieben.

Die *Erwärmungsprobe 2* eignet sich auch zum Nachweis höher oxäthylierter (mehr als 10 Mol Äthylenoxyd/Mol) Verbindungen. Als Reagenz dient eine 10%ige Lösung von Salzen wie *Bariumchlorid*, *Ammoniumbromid*, *Ammoniumjodid*, *Calciumchlorid*, *Natriumchlorid*, *Ammoniumchlorid* usw. Einige Milliliter der wäßrigen Lösung des Alkoholextraktes werden mit etwa ein Drittel bis zur Hälfte ihres Volumens mit einer der Salzlösungen versetzt. Bleiben sie bei Raumtemperatur klar, so wird das Gemisch wie bei der *Erwärmungsprobe 1* behandelt und beurteilt. Entsteht nach Zugabe der Salzlösung ein Niederschlag, so kann dieser von der Anwesenheit kation- bzw. anionaktiver Substanzen herrühren. Man versetzt dann so lange mit der Salzlösung, als man noch eine Zunahme der Fällung feststellen kann, filtriert und prüft das klare Filtrat nach der *Erwärmungsprobe 1* oder verwendet eine andere Salzlösung als Reagenz, die in der Kälte keinen Niederschlag ergibt, und führt damit die *Erwärmungsprobe 2* durch.

Weitere Analysenmethoden für oberflächenaktive Substanzen stammen von VAN DER HOEVE [79], bei dem fünfzehn Gruppen erfaßt werden, und von LINSENMEYER [80], der nur acht Gruppen trennt. Sie sollen hier nicht weiter erörtert werden.

6.21 Quantitative Untersuchungsmethoden für Waschmittel

Zu unterscheiden ist zwischen Seifen und Seifenerzeugnissen sowie den übrigen synthetischen waschaktiven Substanzen. Wir wollen nur in kurzen Zügen die wichtigsten Bestimmungsmethoden erwähnen und verweisen auf die Originalliteratur (s. S. 223).

6.211 *Seifen*

Bevor die einzelnen Bestimmungen ausgeführt werden, erfolgt eine Voruntersuchung, um einige Anhaltspunkte zu erhalten. Es wird geprüft auf: Konsistenz (Stück, Paste, Pulver, Lösung), Farbe, Glanz, Geruch, Ausschwitzen und Transparenz. Durch den Geruch geben sich zuweilen organische Lösungsmittel zu erkennen. Chlorgeruch weist auf Hypochlorit (*Bleichmittel*) hin. Mit angesäuerter *Kaliumjodidlösung* können andere Bleichmittel (*Peroxyde*) nachgewiesen werden. Die Seifenprodukte sollen sich in der Hitze in Wasser oder Alkohol lösen. Trübungen rühren von anorganischen Füllstoffen her, die man vor der weiteren Untersuchung entfernen muß (filtrieren der heißen Lösungen). Alkohollösliche und alkoholunlösliche Bestandteile werden getrennt untersucht.

In der alkoholische Lösung können enthalten sein: *Seife*, *Unverseifbares*, *Neutralfett*, *freie Fettsäuren*, *freies Alkali*, *organische Basen* und *Glycerin*. Nicht gelöst sind: *anorganische Verbindungen*, wie *Chloride*, *Carbonate*, *Sulfate*, *Phosphate*, *Silicate*, *Borate* und ähnliche, *unlösliche Füllmaterialien*, *organische Stoffe* wie *Stärke*, *Dextrin*, *Celluloseäther*, *Eiweißstoffe usw.*

6.2111 *Einzeluntersuchungen der Seifenprodukte*

6.2112 *Wassergehalt*

Die Bestimmung erfolgt zumeist nach der Xylolmethode (*Azeotropdestillation*). Das Verfahren eignet sich nicht für Seifen, die viel flüchtige wasserlösliche Substanzen wie niedere *Alkohole*, *Aceton* und dergleichen enthalten.

In manchen Fällen wird die geraspelte oder geschabte Seife bei 100 bis 105 °C im Trockenschrank bis zur Gewichtskonstanz erwärmt. Da außer Wasser auch leichtflüchtige organische Stoffe verdampfen, wird nach dieser Methode nicht der Wassergehalt, sondern der Trocknungsrückstand bestimmt.

6.2113 Gesamtrohfettsäuren

Man versteht unter Gesamtrohfettsäuren die in saurem Wasser unlöslichen, in Äther aber löslichen organischen Substanzen. Für Schiedsanalysen wird fast ausschließlich das sogenannte Ätherverfahren angewendet. Stark gefüllte Seifen werden vor der Untersuchung mit Alkohol extrahiert und der getrocknete Alkoholauszug zur Bestimmung eingesetzt.

Ätherverfahren: Für die Untersuchung werden so viel Gramm Seife, Seifenextrakt oder seifenhaltiges Waschmittel eingesetzt, daß man daraus etwa 1 bis 2 g Fettsäure erhält. Die Substanz wird in heißem Wasser gelöst und die Lösung in einen Scheidetrichter überführt. Zur Zersetzung der Seife wird die Lösung mit einer 25%igen Salzsäure versetzt und gut durchgeschüttelt. Das Wasser muß sauer reagieren. Nach dem Abkühlen werden die abgeschiedenen Fettsäuren mit 100 m*l* Äther aufgenommen. Zur Vervollständigung der Lösung wird der Scheidetrichter kräftig geschüttelt. Die wäßrige Schicht muß vollkommen klar sein. Nach der Abtrennung der ersten Äthermenge wird das Ausschütteln mit 25 m*l* Äther ein zweites Mal wiederholt. Um etwa vorhandene Salzsäurereste zu entfernen, kann man den Ätherauszug mit 10%iger Kochsalzlösung nachwaschen. Mit wasserfreiem Natriumsulfat wird die Ätherlösung getrocknet, filtriert und mit trockenem Äther das Natriumsulfat fettfrei gewaschen. Auf dem Wasserbade dampft man die Hauptmenge des Äthers ab und trocknet bei 60 bis 70 °C bis zur Gewichtskonstanz. Bei Anwesenheit flüchtiger Fettsäuren (unter C_{10}) ist die Gewichtskonstanz nur schwer zu erreichen.

Die Gesamtrohfettsäuren kann man zur Bestimmung der Kennzahlen wie der Verseifungszahl, der Jod- bzw. Bromzahl und der Hydroxylzahl einsetzen. Die Untersuchung der Fettsäuren erfolgt nach bekannten Methoden.

6.2114 Bestimmung des Unverseifbaren

Zum Unverseifbaren werden die bei 100 °C nichtflüchtigen organischen Stoffe gerechnet, wie z. B. Kohlenwasserstoffe, Mineralöle, Sterine, Fettalkohole und ähnliche. Auch unverseiftes Neutralfett gehört dazu. Die Bestimmung kann nach dem Äther- oder nach dem Petrolätherverfahren ausgeführt werden. Hier soll nur das Petrolätherverfahren erwähnt werden.

Petrolätherverfahren: In einem Gemisch von 50 *ml* Alkohol und 50 *ml* 1%iger Natriumbicarbonatlösung werden unter Erwärmen ungefähr 5 g der zu untersuchenden Substanz gelöst. Durch das Natriumbicarbonat soll freie Fettsäure verseift werden. Die abgekühlte Lösung wird vollständig in einen Scheidetrichter überführt und dreimal mit je 50 *ml* Petroläther ausgeschüttelt. Zur Entfernung etwa gelöster Seife sind die Petrolätherauszüge dreimal mit je 15 *ml* 50%igem Alkohol auszuwaschen. Auf dem Wasserbade wird der Petroläther abgedampft und der Rückstand bei 100 bis 105 °C bis zur Gewichtskonstanz getrocknet. Die gefundene Menge wird erster Petrolätherrückstand genannt und enthält neben dem eigentlichen Unverseifbaren noch unverseiftes Neutralfett.

Sollen die Einzelbestandteile ermittelt werden, so wird der Rückstand mit einem Überschuß an alkoholischer Kalilauge verseift und die Lösung wie vorher behandelt. Der verbleibende Rückstand (zweiter Petrolätherrückstand) ist das Unverseifbare.

Aus den wäßrigen Lösungen lassen sich durch Salzsäure die freien Fettsäuren abscheiden. Die Summe der freien Fettsäuren und des Unverseifbaren (einschließlich unverseiftes Neutralfett) muß die Menge Gesamtrohfettsäure ergeben.

6.2115 Harzsäuren

Im wesentlichen bestehen die Harzsäuren aus *Abietinsäure*, die zu etwa 80% im Kolophonium vorkommt. Die bekannteste Methode zum qualitativen Nachweis ist die Reaktion von STORCH/MORAWSKI. Dazu wird eine Probe der Substanz im Reagenzglas mit 1 m*l* Essigsäureanhydrid leicht erwärmt und nach dem Abkühlen mit 1 Tropfen Schwefelsäure vom spezifischen Gewicht 1,53 versetzt. Bei Anwesenheit von Harzsäuren tritt vorübergehend eine rotviolette Färbung auf, die dann braungelb bis grünlich fluoreszierend wird. Harzöle, Sterine und einige Fettsäuren können eine ähnliche Färbung ergeben; deshalb ist die Probe nicht eindeutig.

Quantitative Harzsäurebestimmungen im Gemisch mit anderen Fettsäuren lassen sich auf folgendem Wege vornehmen. Die Gesamtfettsäuren werden mit Methylalkohol verestert, während die Harzsäuren dabei nicht umgesetzt werden. Bei der Bestimmung werden in einem 250-m*l*-Schliffkolben ungefähr 2,0 g der Gesamtrohfettsäure eingewogen und mit 20 m*l* methylalkoholischer α-Naphthalinsulfonsäurelösung (oder p-Toluolsulfonsäure) verestert. Man kocht den Haupt- und einen Blindversuch 30 Minuten am Rückfluß und titriert nach dem Abkühlen mit 0,2 n alkoholischer Kalilauge mit Phenolphthalein als Indikator zurück.

Berechnung:

a = verbrauchte m*l* 0,2 n KOH für den Hauptversuch;

b = verbrauchte m*l* 0,2 n KOH für den Blindversuch;

E = Einwaage an trockener Fettsäure.

$$\text{Prozent Harzsäure} = \frac{(a-b)\cdot 6{,}04}{E}$$

Als Molgewicht der Harzsäuren wird der theoretische Wert der Abietinsäure, = 302, eingesetzt.

6.2116 Gehalt an Glycerin

Das Glycerin in der Seife stammt aus der Verseifung der Neutralfette, in einigen Fällen wird es zur Erhöhung der Transparenz zugesetzt. Die Bestimmung läßt sich nach verschiedenen Methoden ausführen. Hier soll nur die Dichromatmethode erwähnt werden, bei der das Glycerin durch Oxydation mit Chromsäure zu Kohlendioxyd umgesetzt wird. Der Überschuß an Oxydationsmittel wird auf jodometrischem Wege bestimmt. Aus der verbrauchten Bichromatmenge wird der Glyceringehalt errechnet.

Für die Bestimmung werden etwa 20 g Seife in der Wärme in Wasser gelöst und mit Essigsäure zersetzt. Die freien Fettsäuren werden von der wäßrigen Schicht abgetrennt und das saure Wasser mit Kalilauge neutralisiert. In dem Wasser sollen höchstens 2 g Glycerin enthalten sein. Das Wasser wird in einem 250-m*l*-Meßkolben mit frisch hergestelltem Silbercarbonat versetzt und mehrmals geschüttelt. Anschließend wird mit basischer Bleiacetatlösung gefällt. Nach Absetzen des Niederschlages muß die überstehende Flüssigkeit klar sein, andernfalls ist noch Bleiacetatlösung zuzufügen. Der Kolben wird dann aufgefüllt und die Lösung durch ein trockenes gehärtetes Filter filtriert.

Zur Oxydation gibt man 25 m*l* der klaren Lösung in einen mit Dichromat/Schwefelsäure gesäuberten Erlenmeyerkolben und fügt zur Ausfällung des Bleiacetatüberschusses einige Tropfen verdünnte Schwefelsäure zu. Aus einer Bürette läßt man 25 m*l* Dichromat/Schwefelsäure folgender Zusammensetzung zufließen: ungefähr 75 g analysenreines, bei 110 bis 120 °C getrocknetes Kaliumdichromat und 150 m*l* konzentrierte Schwefelsäure. Das Dichromat wird in wenig Wasser gelöst, die Schwefelsäure zugegeben und das Ganze in einem 1-*l*-Kolben mit Wasser aufgefüllt.

Zu der Glycerin-Dichromat-Lösung werden 50 m*l* Schwefelsäure mit einer Dichte von 1,23 gegeben. In einem siedenden Wasserbade wird die Oxydation in zwei Stunden durchgeführt. Das kalte Oxydationsgemisch wird in einen

500-ml-Meßkolben gefüllt. Zu einer Mischung aus 20 ml 10%iger Kaliumjodidlösung und der gleichen Menge etwa 20%iger Salzsäure werden 50 ml der Oxydationslösung und 50 ml Wasser gegeben und mit 0,1 n Thiosulfatlösung zurücktitriert. In einem Blindversuch muß man den Titer der Dichromatlösung feststellen.

Berechnung:

a = verbrauchte Thiosulfatlösung beim Blindversuch;
b = verbrauchte Thiosulfatlösung beim Hauptversuch;
E = Einwaage.

Verdünnungsverhältnis: 1:10:100.

$$\text{Prozent Glycerin} = \frac{6{,}576 \cdot (a - b)}{E}$$

6.2117 Gesamtalkali

Zum Gesamtalkali gehört das an Fettsäuren, Phosphaten, Kieselsäure und Borsäure gebundene sowie das freie Alkali. Am einfachsten läßt sich die Bestimmung durch Titration einer wäßrigen Seifenlösung ausführen. 5,0 g Seife oder Seifenerzeugnisse werden in 500 ml Wasser gelöst und mit 0,5 n Salzsäure gegen Methylorange titriert.

Berechnung:

$$\text{Gesamtalkali bei Natronseifen als } Na_2O = \frac{1{,}55 \cdot a}{E};$$

$$\text{Gesamtalkali bei Kaliseifen als } K_2O = \frac{2{,}35 \cdot a}{E};$$

a = verbrauchte ml 0,5 n Salzsäure;
E = Einwaage.

6.2118 Alkalicarbonate

Die Gegenwart von Alkalicarbonaten in Waschmitteln wird durch Ansäuern der wäßrigen Lösung festgestellt.

Unter Aufbrausen entweicht dabei CO_2, welches in Kalkwasser eine Trübung hervorruft. Durch Titration mit 0,5 n Salzsäure gegen Methylorange als Indikator kann man den annähernden Gehalt an Carbonaten ermitteln. 2 bis 4 g der Substanz werden in wäßriger Lösung gegen Methylorange mit 0,5 n Salzsäure titriert, wobei sich Soda, Seife und Wasserglas umsetzen. Bei der Berechnung werden für ein Prozent Fettsäure (mittleres Mol.-Gew. 230) 0,18% Soda und für ein Prozent Wasserglas ($Na_2Si_4O_9$) 0,35% Soda abgezogen.

Berechnung:

a = verbrauchte ml Salzsäure;
b = Fettsäuregehalt als Soda berechnet;
c = Wasserglasgehalt als Soda berechnet;
E = Einwaage.

$$\text{Prozent Soda} = \frac{2{,}65 \cdot a}{E} - (b + c)$$

6.2119 Weitere anorganische Bestandteile

Häufig treten folgende Verbindungen auf, die durch die in der anorganischen Chemie üblichen Analysenmethoden bestimmt werden können:

Chloride lassen sich in wäßriger Lösung mit Silbernitrat nachweisen und titrimetrisch nach Mohr, Volhard oder potentiometrisch bestimmen.

Wasserlösliche Sulfate können in der salzsauren Lösung der zersetzten Seife mit Bariumchloridlösung gefällt und als $BaSO_4$ bestimmt werden.

Phosphate lassen sich mit Ammoniummolybdatlösung nachweisen und gegebenenfalls auch bestimmen. Die Bestimmung läßt sich auch mit Magnesiamixtur als Magnesiumammoniumphosphat ausführen.

Silicate werden auf folgendem Wege quantitativ bestimmt: 5 g Seife löst man in wenig Wasser auf und gibt nach und nach 25%ige Salzsäure zu, bis alle Seife zersetzt ist. Die abgeschiedene Fettsäure wird anschließend durch Ausäthern abgetrennt. Bei Anwesenheit von wasserlöslichen Silicaten scheiden sich im saueren Wasser SiO_2-Flocken ab. Das Wasser wird eingedampft und der Rückstand bei 120 °C getrocknet. Man nimmt den Rückstand nochmals mit Salzsäure auf und dampft wieder ein. Im Anschluß daran gibt man zu dem Rückstand heißes Wasser, filtriert ab und wäscht das Filter mit heißem Wasser aus. Nach dem Trocknen verascht und glüht man die Kieselsäure und stellt ihre Menge fest. Zur genauen Feststellung des SiO_2-Gehaltes kann in einem Platintiegel mit aschefreier Flußsäure abgeraucht werden. Die nach dem Glühen festgestellte Gewichtsdifferenz stellt die wahre Menge SiO_2 dar.

Berechnung:

$$\text{Prozent trockenes Natronwasserglas } (Na_2Si_4O_9) = \frac{125{,}8 \cdot a}{E}.$$

$$\text{Prozent Normalwasserglas} = \frac{392 \cdot a}{E}$$

a = Gramm SiO_2;

E = Einwaage.

Ammoniak kann durch Übertreiben mit Natronlauge und Auffangen in einer vorgelegten normalen Säure bestimmt werden.

6.212 Synthetische waschaktive Substanzen

Die Bestimmungen an den waschaktiven Substanzen richten sich nach deren Art. Als erstes interessiert der Gehalt an waschaktiver Substanz. Bereits bei .der qualitativen Analyse gingen wir kurz darauf ein. Die Abtrennung kann einmal nach der Auskochmethode von HINTERMAIER [81] oder durch Extraktion erfolgen. Manche Substanzen, wie die Sulfate der Fettsäuren und der Fettalkohole, lassen sich durch Kochen mit Mineralsäuren spalten, so daß die wasserunlöslichen Fettsäuren und Fettalkohole abgetrennt und bestimmt werden können. Anionaktive Verbindungen lassen sich nach Marron und Schifferli [82] mit der sogenannten p-Toluidinmethode titrimetrisch bestimmen. Die Reaktion beruht darauf, daß eine kationaktive und eine anionaktive Verbindung ein Komplexsalz bilden.

6.21201 *Auskochmethode*

Etwa 10 g der Probe werden in einem Erlenmeyerkolben mit vergälltem Alkohol oder Methanol ausgekocht. Man verwendet 100 m*l* und kocht etwa 1 Stunde. Die heiße Lösung gießt man durch ein Faltenfilter und wiederholt mit dem Rückstand die Auskochung mit je 50 m*l* Alkohol noch zweimal. Nach Ausspülen des Kolbens und des Filters mit Alkohol wird mit einem Tropfen Phenolphthaleinlösung geprüft, ob das Filtrat alkalisch ist. Vorhandenes Alkali wird mit verdünnter Schwefelsäure neutralisiert. Der Alkohol wird abdestilliert und der Rohextrakt mit absolutem Alkohol in Lösung gebracht. Eine auftretende Trübung muß durch Filtration entfernt werden. Das Lösungsmittel wird wieder abgedampft und es bleibt die Aktivstoffsubstanz zurück, die noch getrocknet wird. Die Trocknung richtet sich nach dem vorliegenden Produkt. Seife, Alkylsulfonate und andere Sulfonate können im Trockenschrank auf 120 °C erwärmt werden. Alkylsulfate sind besser im Vakuum bei etwa 60 °C zu trocknen.

Statt der Auskochung kann man auch die Extraktion im Soxhlet-Extraktor ausführen. Im Prinzip sind die Methoden gleich. Als Extraktionsmittel wird ebenfalls Alkohol oder Methanol eingesetzt und 4 bis 6 Stunden extrahiert. Das Umlösen ist auch bei diesem Verfahren erforderlich.

6.21202 *Säurespaltung*

4 bis 8 g des organischen Sulfates werden mit 25 m*l* destilliertem Wasser und 50 m*l* Salzsäure in einem Erlen-

meyerkolben bis zur klaren Abscheidung des Fettes oder Fettalkohols gekocht. Mit Äther wird aus dem Spaltprodukt die ölige Substanz extrahiert; die vereinigten ätherischen Lösungen wäscht man mit sulfatfreier 10%iger Kochsalzlösung säurefrei. Nach dem Trocknen mit wasserfreiem Natriumsulfat wird der Äther abdestilliert und der Rückstand bis zur Gewichtskonstanz getrocknet.

Der wäßrige Teil des Spaltproduktes dient zur Bestimmung des Schwefelsäuregehaltes (organisch und anorganisch gebundenes Sulfat).

6.21203 Titration

Als kationaktives Reagens dient eine Lösung von 68 g *p-Toluidinhydrochlorid* in 500 m*l* Wasser, und als Indikator wird eine Lösung von 0,1 g *Kresolsulfophthalein* mit 13,1 m*l* 0,02 n Natronlauge und 200 m*l* Wasser verwendet.

Die Probe, mit annähernd 2 bis 3,5 g waschaktiver Substanz, wird in einem Scheidetrichter mit 75 m*l* destilliertem Wasser gelöst und mit 25 m*l* Reagenz versetzt. Liegen Sulfonate vor, so wird mit 50 m*l* Tetrachlorkohlenstoff, bei primären Alkylsulfaten und Fettsäurekondensationsprodukten mit 50 m*l* Äther 10 Minuten lang kräftig geschüttelt. Die organische Phase läßt man in 100 m*l* 96%igem Alkohol einlaufen und titriert mit 0,1 n Natronlauge und mit Kresolsulfophthalein als Indikator auf schwaches Rosa. Man schließt eine zweite Ausschüttelung mit 25 m*l* Lösungsmittel an und titriert wieder die organische Phase.

Berechnung:

$$\text{Prozent Aktivstoff} = \frac{A \cdot F}{E \cdot 100}$$

A = m*l* verbrauchte Natronlauge;
F = Faktor;
E = Einwaage in g.

Der Faktor ändert sich mit der vorliegenden Substanz und ist auch von dem jeweiligen Mol.-Gewicht abhängig.

6.21204 Gesamtschwefelsäure

Der wäßrige Teil der Säurespaltung (6.2122) wird durch Erwärmen vom Äther befreit und im Meßkolben auf 1 Liter aufgefüllt. In einem aliquoten Teil fällt man in üblicher Weise mit Bariumchlorid das Bariumsulfat und bestimmt dieses durch Auswiegen.

6.21205 Natriumsulfatgehalt

Man verwendet dazu den alkoholunlöslichen Teil von der Auskoch- oder Extraktionsmethode, löst diesen in Wasser, füllt in einem Meßkolben auf und verfährt wie unter 6.2124 beschrieben.

Man kennt auch Methoden zur direkten Titration des Sulfations. Aus Platzmangel kann hier nicht darauf eingegangen werden.

6.21206 Untersuchung der Sulfochloride und der Alkylsulfonate

Sulfochloride (Mersole) enthalten immer nicht umgesetzte paraffinische Bestandteile. Die Bestimmung des Unverseifbaren wird nach der bereits bei der Seife erwähnten Methode ausgeführt (S. 200).

Der verseifbare Anteil läßt sich aus der Verseifungszahl (S. 191) ermitteln. Da für ein Mol Sulfochlorid zwei Mol Natronlauge benötigt werden, liegen die Verseifungszahlen viel höher als bei den entsprechenden Fettsäuren:

$$R \cdot SO_2 \cdot Cl + 2\,KOH \rightarrow R \cdot SO_3K + KCl + H_2O$$

Da die Sulfochloride meist einen Alkylrest von 13 bis 18 C-Atomen haben, läßt sich mit Hilfe des mittleren Molekulargewichtes und der Verseifungszahl der verseifbare Anteil errechnen.

Die Menge an Alkylsulfonsäure oder Alkylsulfonat kann auch aus der Menge des Unverseifbaren errechnet werden:

$$\text{Prozent Alkylsulfonsäure} = 100 - \%\,Uv. - \frac{VZ}{60{,}6}$$

$$\text{Prozent Na-Alkylsulfonat} = 100 - \%\,Uv. + \frac{VZ}{320}$$

Die Bestimmung des Alkylsulfonatgehaltes in Lösungen, Pasten oder Pulvern wird nach HINTERMAIER und KELBER [83] nach folgendem vereinfachten Verfahren durchgeführt: 10 g der Alkylsulfonatprobe werden in einem Meßkolben mit etwa 100 m*l* Wasser verdünnt und mit 0,5 n Salzsäure gegen Bromkresolpurpur neutralisiert. Der Kolben wird dann auf 250 m*l* aufgefüllt, und 10 m*l* der Lösung werden in einer tarierten Porzellanschale zur Trockne eingedampft. Bei 130 °C wird 4 Stunden konstant getrocknet. Eine weitere Probe verwendet man zur Bestimmung des Kochsalzgehaltes nach MOHR oder potentiometrisch. Aus der Differenz zwischen dem Eindampfrückstand und der Kochsalzmenge ergibt sich der Gehalt an Mersolat (Alkylsulfonat).

6.21207 Bestimmung der Alkylbenzolsulfonate

Die Bestimmung läßt sich nach der beim Alkylsulfonat beschriebenen Methode ausführen, wenn keine weiteren Komponenten anwesend sind.

6.21208 Bestimmung der Säureamidsulfonate

Da eine Spaltung der Säureamidsulfonate durch Mineralsäuren nicht einfach ist, geht man so vor, daß man den Alkoholextrakt untersucht und darin Stickstoff (nach KJELDAHL), Schwefel (oxydierende Alkalischmelze) und Alkali bestimmt. Über die Bestimmung der anorganischen Substanzen wurde bereits gesprochen.

In ähnlicher Weise läßt sich der Gehalt einiger weiterer Aktivstoffe ermitteln.

6.21209 Bestimmung nichtionogener Verbindungen

Es kommen hier vorwiegend die Polyglykoläther in Frage, die als *Alkylpolyglykoläther*, *Alkylphenylpolyglykoläther* oder *Acylpolyglykoläther* vorliegen. Die Abtrennung von den Aufbaustoffen wird wieder durch Extraktion mit Methanol oder 96%igem Alkohol vorgenommen. Die Acylpolyglykoläther lassen sich durch die Verseifungszahl bestimmen. Aus den Kennzahlen der Fettsäuren lassen sich Schlüsse auf die Art der Fettsäuren ziehen. Der Oxäthylierungsgrad kann am besten durch Elementaranalyse festgestellt werden. Bei den Äthylenoxydaddukten der Fettalkohole und der Alkylphenole kann eine Hydroxylzahlbestimmung eventuell Auskunft über das mittlere Molekulargewicht der Verbindung geben. Auch hier ist die Elementaranalyse der gangbarste Weg, um genaue Anhaltspunkte zu bekommen.

6.21210 Bestimmung kationaktiver Verbindungen

In Waschmitteln sind kationaktive Stoffe nur selten anzutreffen. Für ihre Bestimmung gibt es nur wenige allgemeingültige Methoden, die außerdem nicht immer anwendbar sind. Durch Bestimmung des Stickstoffgehaltes der Trockensubstanz lassen sich diese Substanzen am besten charakterisieren.

6.3 Gebrauchswertbestimmung der Fertigprodukte

Wasch- und Netzmittel werden nach den unterschiedlichsten Gesichtspunkten bewertet. Aus der Vielzahl der

Untersuchungsmethoden sollen hier nur folgende erwähnt werden:

1. Oberflächenspannungsmessungen;
2. Netzkraft;
3. Waschkraft;
4. Schaumkraft;
5. Hartwasserbeständigkeit;
6. Emulgiervermögen;
7. Bleicheffekt, optische Aufhellung.

6.31 Messungen der Oberflächenspannung

Die Oberflächenspannung einer Flüssigkeit ist die Kraft in dyn, die aufgewendet werden muß, um die Oberfläche der Flüssigkeit um einen Zentimeter auszudehnen. Im physikalischen Maßsystem als dyn/cm ausgedrückt. Stoffe mit großer Oberflächenspannung sind z. B. das Quecksilber (471 dyn/cm bei 20 °C) und das Wasser (72,6 dyn/cm bei 20 °C). Wie bereits erwähnt, verringern in Wasser gelöste oberflächenaktive Stoffe dessen Oberflächenspannung bedeutend. Für die Messungen lassen sich nachstehende Methoden verwenden.

6.311 Blasendruckmethode

Die von HAZLEHURST [84] beschriebene Methode läßt sich verhältnismäßig einfach mit geringem apparativem Aufwand ausführen. In Abbildung 28 wird die Gesamtapparatur zur Messung der Oberflächenspannung gezeigt. Die zu messende Flüssigkeit (etwa 5 m*l*) befindet sich in einem ca. 15 m*l* großen Glasgefäß, das in einem zweiten größeren Gefäß mit Hilfe eines Thermostaten auf die gewünschte Temperatur gehalten wird. In das Gefäß mit der Meßflüssigkeit taucht die am Meßgerät (Wassermanometer) mit einem Schlauchstück befestigte Kapillare 5 mm tief ein. Die Beschaffenheit der Kapillare ist für die Messung von außerordentlicher Bedeutung. Sie muß unten vollkommen glatt abgesprengt werden, damit eine gleichmäßige Ausbildung der austretenden Gasblasen gewährleistet ist. Ferner muß die Kapillare

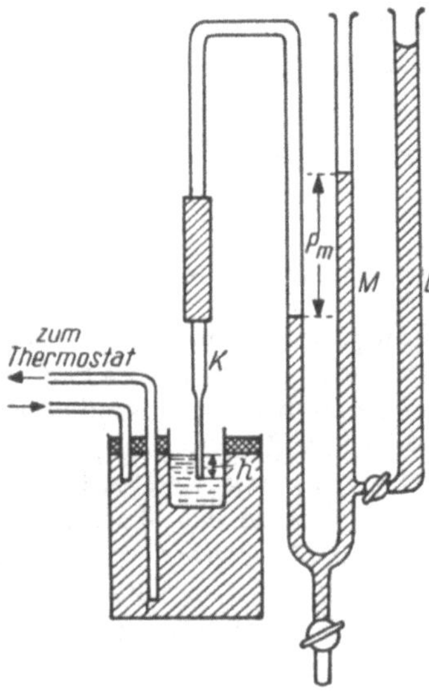

Abb. 28 Gesamtapparatur zur Messung der Oberflächenspannung nach der Blasenmethode [84]
E – Vorratsgefäß; *M* – Manometer; *K* – Kapillare; *h* – Eintauchtiefe; *Pm* – Druckdifferenz

einen möglichst gleichmäßigen Durchmesser aufweisen. Die Bestimmung des Kapillardurchmessers, der möglichst unter 0,25 mm bleiben soll, erfolgt durch Eichung mit einer Flüssigkeit, deren Oberflächenspannung genau bekannt ist, z. B. mit Wasser, Benzol und dergleichen. Zur Messung läßt man durch den Hahn H_1 das Wasser vom Vorratsgefäß E in das Manometer fließen, so daß die zwischen dem linken Meniskus und der Kapillare befindliche Luft leicht komprimiert wird.

Laufend beobachtet man dabei die Druckdifferenz und die Kapillare. Unmittelbar bevor die erste Blase aufsteigt, liest man den Druck (P_m) ab, danach fällt der Druck leicht ab. Die Messungen können ohne Unterbrechung mehrmals wiederholt werden. Aus jeweils 15 Messungen wird der Mittelwert errechnet. Bei einwandfreier Apparatur differieren die einzelnen Messungen nur um etwa $\pm$ 0,5 mm.

Berechnung:

Aus den erhaltenen Werten (P_m) wird nach folgender Formel die Oberflächenspannung errechnet:

$$\sigma = (P_m - \varrho \cdot h \cdot g) \frac{r}{2}$$

Es sind σ = Oberflächenspannung in dyn/cm;
P_m = Druckunterschied, cm Wassersäule;
ϱ = Dichte der Flüssigkeit g/ml;
h = Eintauchtiefe der Kapillare cm;
g = Gravitationskonstante (981 cm/sec^2);
r = Kapillarradius.

Zur Kontrolle der Bestimmung ist es ratsam, mit zwei Kapillaren verschiedener Radien zu arbeiten. Bei einwandfreier Apparatur lassen sich Werte mit einer Genauigkeit von $\pm$ 0,2 dyn/cm erreichen.

6.312 Kapillarsteigmethode:

Infolge der Kapillarwirkung steigt eine Flüssigkeit je nach Größe ihrer Oberflächenspannung in einer Kapillare verschieden hoch. Ist die Dichte und der Kapillardurchmesser bekannt, läßt sich aus der Steighöhe die Oberflächenspannung errechnen (Abb. 29):

$$\sigma = \frac{r \cdot h \cdot \varrho \cdot g}{2}$$

Es sind r = Kapillarradius in cm;
h = Steighöhe in cm;
ϱ = Dichte der Flüssigkeit in g/ml;
g = Gravitationskonstante.

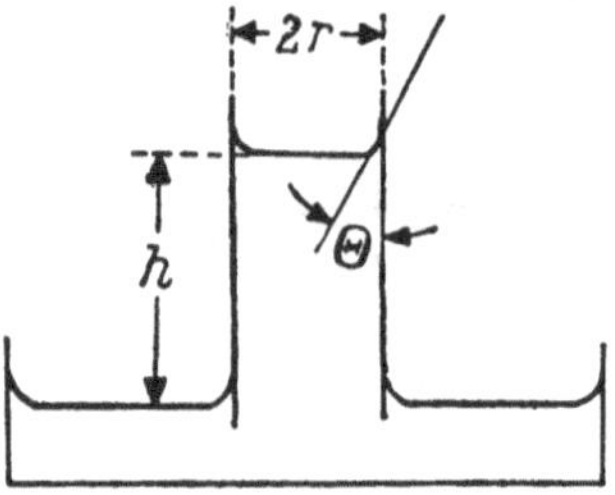

Abb. 29 Schema zur Messung der Kapillarsteighöhe

6.313 Stalagmometer:

Das von TRAUBE eingeführte Stalagmometer besteht aus einer Glaskapillare, die am unteren Ende in eine horizontale, plangeschliffene Verbreiterung ausläuft. Da die Tropfengröße einer Flüssigkeit von deren Oberflächenspannung abhängt, läßt sich aus der Tropfenzahl einer bestimmten Menge oder aus dem Gewicht einer Anzahl Tropfen deren Oberflächenspannung ermitteln:

a) Oberflächenspannung aus der Tropfenzahl der Flüssigkeit und der Tropfenzahl des Wassers:

$$\sigma = \frac{z \cdot \varrho}{z_W \cdot \varrho} \cdot 72{,}6$$

z = Tropfenzahl der Meßflüssigkeit;
z_W = Tropfenzahl des Wassers;
ϱ = Dichte der Flüssigkeit;
72,6 = Oberflächenspannung von Wasser.

b) Oberflächenspannung aus dem Tropfengewicht:

$$\sigma = \frac{m \cdot g}{2 r \pi},$$

m = Masse in g;
g = Gravitationskonstante;
r = Radius der Abtropfstelle.

In der Praxis verfährt man so, daß von einer bestimmten Flüssigkeitsmenge durch langsames Austropfen bei konstanter Temperatur die Tropfenzahl ermittelt wird. Die gleiche Bestimmung führt man mit Wasser durch.

Bei dieser Methode wägt man eine Anzahl von Tropfen einer Flüssigkeit aus. Aus dem Gewicht eines Tropfens wird die Oberflächenspannung errechnet.

Leider hat sich bei Vergleichsmessungen nach anderen Methoden gezeigt, daß mit dem Stalagmometer zu niedrige Werte erhalten werden.

6.314 Ringabreißmethode:

Die Ringabreißmethode ist die zur Zeit genaueste Methode zur Bestimmung der Oberflächenspannung. Einen 0,6 g schweren Ring aus Platindraht mit 4,0 cm Umfang, der an einem Haltedraht befestigt ist, bringt man auf die

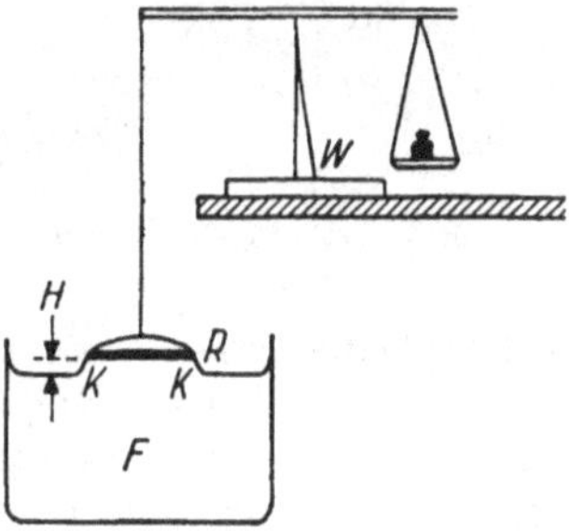

Abb. 30 Schema der Tensionswaage
W – Waage; *R* – Ring;
F – Flüssigkeit; *H* – Abreißhöhe; *K* – Druck an den Konvexseiten

Oberfläche der Meßlösung und mißt mit der Tensionswaage oder dem Du Noüy-Tensiometer (Abb. 30, Abb. 31) die Kraft, die aufgewendet werden muß, um den Ring von der

Abb. 31 Du Noüy-Tensiometer

Flüssigkeitsoberfläche zu lösen. Bei der Tensionswaage erfolgt das Abreißen des Ringes durch Auflegen von Gewichten auf die Waagschale. Das zum Abreißen notwendige Gewicht wird für m in die nachstehende Gleichung eingesetzt.

Das Du Noüy-Tensiometer ist statt mit der Tensionswaage mit einem Torsionsdraht versehen, der mit einem Platinring verbunden ist. An dem Torsionsdraht ist ein Zeiger befestigt, der es ermöglicht, den Drehwinkel abzulesen, wenn der Ring von der Oberfläche abgerissen wird. Der Torsionsdraht wird mittels eines Synchronmotors sehr langsam und vorsichtig gedreht. Moderne Geräte erlauben eine direkte Ablesung der *dyn/cm* mit einer Genauigkeit von 0,1 dyn/cm.

Für Grenzflächenspannungsmessungen wird der Platinring an die Grenzfläche der Flüssigkeiten gebracht und die Messung wie beschrieben durchgeführt.

Berechnung:

$$\sigma = \frac{m \cdot g}{2L},$$

m = Tara des Ringes bzw. aufgelegtes Gewicht (bei der Tensionswaage);
L = Umfang des Ringes (4 cm).

Es ist auch hier unbedingt erforderlich, das Gerät vorher zu eichen und für eine einwandfreie Beschaffenheit der Ringoberfläche zu sorgen. Geringste Verunreinigungen des Ringes (z. B. durch Berühren mit den Fingern) führen zu falschen Meßergebnissen.

6.32 Netzkraft

Unter Netzkraft versteht man die Fähigkeit einer wäßrigen Lösung, Luft aus den Fasern zu verdrängen und dadurch ihren Auftrieb in der Lösung zu vermindern. Da Textilfasern zumeist schwerer sind als Wasser und beim Benetzen darin untersinken, wird die Zeit, bis das Textil in einer Lösung absinkt, als Netzkraft bezeichnet.

Es wurde eine Reihe von Bestimmungsmethoden entwickelt, die alle mehr oder weniger genaue Werte liefern, Am bekanntesten ist die von SCHWEN [85] ausgearbeitete Eintauchmethode.

6.321 Eintauchmethode

Prinzip: Ein rundes Läppchen aus einem besonders geprüften Stoff von etwa 10 cm^2 Fläche (3,5 cm Durchmesser) wird in bestimmter Weise in die Prüfflüssigkeit gebracht und festgestellt, nach welcher Zeit es zu sinken beginnt. Die Zeit vom Augenblick des Eintauchens bis zum Beginn des Sinkens wird gemessen.

Durchführung der Prüfung: Die Prüfflüssigkeit wird (500 m*l*) in ein hohes 800-m*l*-Becherglas (ohne Ausguß) gegeben, so daß sie mindestens 100 mm hoch steht. Die an einem 35 mm langen Perlonfaden befestigte Textilscheibe wird mit Hilfe eines Drahtbügels in die Flüssigkeit gebracht. Der Abstand der Scheibe von der Wand des Gefäßes soll etwa 30 mm, vom Boden 35 mm und von der Flüssigkeitsoberfläche 40 mm betragen. Die Prüfflüssigkeit besteht einmal aus destilliertem Wasser und dem Netzmittel und zum anderen aus Wasser von 10 °dH (8,5 °dH Calciumhärte und 1,5 °dH Magnesiumhärte. — Dieses Wasser wird durch Vermischen von 8,5 m*l* einer Lösung von 20 g Calciumchlorid in 1 *l* destilliertem Wasser und 1,5 m*l* einer Lösung von 44 g Magnesiumsulfat in 1 *l* destilliertem Wasser mit 990 m*l* destilliertem Wasser hergestellt) und dem Netzmittel. Die Prüfung wird bei 25° ± 2 °C vorgenommen. Nach dem Einbringen der Probe in die Prüfflüssigkeit wird die Zeit gestoppt, bis die Textilscheibe zu sinken beginnt. Die Messungen werden mehrmals wiederholt und mit verschiedenen Netzmittelkonzentrationen ausgeführt. Die Netzmittelkonzentrationen sollen so gewählt werden, daß die Netzzeiten mehr als 3 Sekunden und weniger als 300 Sekunden betragen. Das Netzvermögen einer Substanz wird durch graphische Extrapolierung des Wertes für die Konzentration in g/*l* Netzmittel definiert, die eine Netzzeit von 100 Sekunden ergibt.

Verschiedene andere Methoden arbeiten nach dem gleichen oder einem ähnlichen Prinzip. Zu erwähnen wäre der Draves-Clarkson-Test, bei dem mit einem Baumwollfaserstrang von 5,0 g Gewicht die Netzkraft in ähnlicher Weise wie bei der Eintauchmethode festgestellt wird.

Auch die Bestimmung der Netzkraft mit der sogenannten Schwimmfähigkeitswaage entspricht dem gleichen Prinzip. Das Textilstück (Streifen oder Fasern) wird an eine Dezimalwaage gehängt und taucht dabei in die Lösung. Durch die Luftverdrängung wird es scheinbar schwerer und diese Gewichtszunahme wird von der Waage registriert. Man bestimmt zumeist die Zeit, nach welcher das Gewicht konstant bleibt.

6.33 Waschkraft

Als Maß für die Waschkraft wurden früher einzelne beim Waschen wirksame Faktoren benutzt, von Stiepel [86] z. B. wurde die Schaumkraft gemessen, während andere Autoren die Waschkraft nach der Oberflächen- bzw. Grenzflächenspannung, dem Dispersions- und Adsorptionsvermögen für Kohlenstoff und nach dem elektrokinetischen Potential bewerteten.

Durch die neueren Laborwaschmethoden wird im wesentlichen der Waschvorgang unter definierten Bedingungen reproduziert. Die Reproduzierbarkeit hängt von folgenden Faktoren ab: Textilart, Art der Verschmutzung, Konzentration des Waschmittels, Waschtemperatur, Waschdauer, Art der Waschmaschine und Beurteilung des Wascheffektes. Das Prinzip der Waschmaschine ist nicht von so entscheidender Bedeutung wie die übrigen Faktoren. Der Wascheffekt wird heute allgemein durch den erreichten Aufhellungsgrad künstlich beschmutzter Textilien gemessen. Die künstliche Beschmutzung kann sehr unterschiedlicher Art sein. Meist wird ein fettes Öl, ein Mineralöl, ein Kohlenstoffpigment (Ruß) und Straßenstaub verwendet. Da eine visuelle Beurteilung der Aufhellung zu ungenau ist, arbeitet man mit optischen Methoden (Leukometer). Nach der Differenz des Weißgrades vor und nach dem Waschen wird der Wascheffekt angegeben.

6.34 Schaumkraft

Man unterscheidet bei der Bestimmung der Schaumkraft die Anschäumfreudigkeit, die Schaummenge und die Stabilität des Schaumes. Bei der Schaumkraft sind außer der Waschmittelkonzentration die Wasserhärte, die Temperatur sowie die Gegenwart von Schmutz und Textil von Einfluß. Je nach Art der Schaumherstellung unterscheidet man Schüttelmethoden, Schlagmethoden, Blasenmethoden und wissenschaftliche Methoden.

Bei den Schüttelmethoden wird der Schaum durch Schütteln der Waschflotte mit Luft in einem geschlossenen Gefäß (Meßzylinder) erzeugt. Nach einer bestimmten Schüttelzeit wird das Gefäß abgestellt und in gewissen Zeitabständen jeweils die Schaumhöhe und der Flüssigkeitsstand abgelesen. Aus dem bei der ersten Messung festgestellten Verhältnis von Schaumvolumen zur nicht aufgeschäumten Flotte lassen sich Schlüsse auf die Anschäumfreudigkeit ziehen. Die Beständigkeit kann aus dem Schaumvolumen nach verschiedenen Zeitabständen ermittelt werden. Bei der Schlagmethode bewegt man eine mehrfach durchlochte Platte vertikal in der Flotte, oder man verwendet einen rotierenden Rührer oder Schlagbesen zur Erzeugung des Schaumes. Nach der Blasenmethode wird Luft in feiner Verteilung in die Flüssigkeit gedrückt und diese dadurch zerschäumt.

Verschiedene rein wissenschaftliche Methoden bestimmen die Stabilität des Schaumes durch Messung der Festigkeit von Oberflächenhäutchen, durch die modifizierte Ringabreißmethode nach Matalon [87] oder nach der Zweiblasenmethode von Foulk und Miller [88]. Für die Praxis sind diese Methoden kaum von Bedeutung.

6.35 Hartwasserbeständigkeit

Die meisten synthetischen waschaktiven Substanzen geben in hartem Wasser keine Fällungen mit Calcium- oder

Magnesiumionen, wie es von der Seife her bekannt ist. Trotzdem treten bei Verwendung von hartem Wasser häufig unerwünschte Effekte auf, die am besten durch Vergleichswaschungen mit destilliertem und hartem Wasser festgestellt werden. Erhält man dabei unter gleichen Bedingungen keine unterschiedlichen Resultate, so ist die Hartwasserbeständigkeit gut. Auch die Faserinkrustierung, die durch Bestimmung des Aschegehaltes der Testtextilien ermittelt wird, ist ein Maß für die Hartwasserbeständigkeit synthetischer Grobwaschmittel.

6.36 Emulgiervermögen

Die Emulsionsbildung ist weitgehend von der Grenzflächenspannung zwischen den beiden flüssigen Phasen abhängig. Bekanntlich setzen die oberflächenaktiven Substanzen die Grenzflächenspannung bedeutend herab und hüllen die Tröpfchen einer unlöslichen flüssigen Phase ein, so daß sie sich nicht wieder zu größeren Tropfen vereinen können. Für die Beurteilung des Emulgiervermögens einer oberflächenaktiven Substanz sind folgende Bestimmungen erforderlich: 1. Messung der Stabilität der Emulsion, 2. Messung der Viskosität, 3. Ermittlung der Tropfengröße.

Mit Hilfe der Dampfemulgiermethode nach SISLEY [89] läßt sich das Fettemulgiervermögen von Wasch- und Reinigungsmitteln feststellen. Durch einen Dampfstrom wird Öl emulgiert, das dann in einem Wasserbad bei höherer Temperatur demulgiert wird. Volumetrisch wird die Abscheidung des Öls bzw. der Wasserphase nach bestimmten Zeitabständen verfolgt und aus den Mengen die Stabilität der Emulsion und der Emulsionsgrad ermittelt.

Da mit dem Zerteilungsgrad der emulgierten Phase die Viskosität der Emulsion ansteigt, kann man die Viskosität als ein Maß für das Emulgiervermögen benutzen. In den USA dient zur Bestimmung der Viskosität stabiler Emulsionen das sogenannte Mobilometer. Danach läßt sich aus der Absinkgeschwindigkeit einer belasteten Platte in der Emulsion die Viskosität bestimmen.

Der Dispersitätsgrad einer Emulsion kann auf mikrofotographischem Wege durch Ermittlung von Größe und Zahl der emulgierten Tröpfchen gemessen werden.

6.37 Bleicheffekt, optische Aufhellung

Erwähnt wurde bereits der Unterschied zwischen chemischer Bleichung und optischer Aufhellung. Der Bleicheffekt von bleichmittelhaltigen Waschpulvern wird durch Waschen mit einem Testtextil ermittelt. Man verfährt im Prinzip wie bei der Bestimmung der Waschkraft mit Hilfe einer Laborwaschmaschine. In manchen Fällen färbt man das Testtextil mit Farbstoffen, die durch das Bleichmittel leicht zerstört werden, z. B. mit Immedialschwarz.

Die Bestimmung des optischen Aufhelleffektes ist weit schwieriger, da verschiedene Faktoren zusammenwirken. Außer von der Art des optischen Aufhellers hängt die Wirksamkeit von den Aufzieheigenschaften, der Gleichmäßigkeit der Aufhellung und der Intensität der Fluoreszenz ab. Nach Uhl [90] läßt man gefiltertes UV-Licht zur Anregung der Fluoreszenz auf das Testtextil fallen, filtert das reflektierte Licht so, daß der im sichtbaren Teil des Spektrums liegende Teil von einer Fotozelle gemessen wird. Durch dieses Verfahren kann die Anreicherung von optischen Aufhellern nach mehreren Wäschen nachgewiesen werden. Auch die Gleichmäßigkeit der Aufhellung kann nach dieser Methode ermittelt werden.

7. Bibliographie

Da wegen des beschränkten Raumes viele Einzelfragen nur kurz angeschnitten werden konnten, sollen einige Hinweise auf einschlägige Fachliteratur dem Interessenten weitere Anregungen geben.

1. ADAM J., Physics and Chemistry of Surfaces, Oxford Univ.-Press London 1941.
2. SCHÖNFELD H., HEFTER G., Chemie und Technologie der Fette und Fettprodukte, Julius Springer-Verlag, Wien 1937.
3. HEMPEL, MANNECK, SCHUCK, STEIN, Die Seife und ihre Herstellung, Verlag für chemische Industrie, H. Ziolkowski K. G., Augsburg 1952.
4. LINDNER K., Textilhilfsmittel und Waschrohstoffe, Wissenschaftliche Verlagsgesellschaft m. b. H., Stuttgart 1954.
5. STÜPEL H., Synthetische Wasch- und Reinigungsmittel, Konradin-Verlag, Stuttgart 1954.
6. CHWALA A., Textilhilfsmittel, Julius Springer-Verlag, Wien 1939.
7. MÜLLER, VAN DER WERTH, Netz-, Dispergier- und Waschmittel, Allgemeiner Industrie-Verlag, Berlin 1949.
8. MCCUTCHEON J. W., Synthetic Detergents, MacNair-Dorland Company, New York 1950.
9. Deutsche Gesellschaft für Fettwissenschaft, Deutsche Einheitsmethoden zur Untersuchung von Fetten, Fettprodukten und verwandten Stoffen, Wissenschaftliche Verlagsgesellschaft, Stuttgart 1950.
10. REUMUTH, Vom Schmutz und vom Waschen, Econ-Verlag, Düsseldorf 1953.
11. SCHWARTZ, PERRY, Surface Active Agents, Interscience Publishers Inc., New York—London 1949.

12. WURZSCHMITT B., Systematik und qualitative Untersuchung kapillaraktiver Substanzen, Julius Springer-Verlag, Berlin-Heidelberg-Göttingen, J. F. Bergmann, München 1950.

13. MÖLLERING C. H., LÜTTGEN C., Sulfohalogenierung und Sulfohalogenide, Wissenschaftliche Verlagsgesellschaft, Stuttgart 1942.

14. MANNECK H.,
Alkylsulfosäuren und Sulfonate, Heft I,
Waschen und Reinigen, Heft II,
Fettalkohole, Fettalkoholsulfate und Alkylsulfate, Heft IV,
Weitere synthetische Waschrohstoffe, Heft V,
Herstellung moderner Waschmittel in Pulverform, Heft VI,
Fachliteratur-Ermittlungs- und Berichtsdienst für Industrie und Forschung, M. & S. Moser, Garmisch-Partenkirchen.

8. Literaturverzeichnis

[1] HESS K., Ber. dtsch. chem. Ges. *70*, 1800 (1937); Chem. Ber. *81*, 327 (1948); Kolloid-Z. *88*, 40 (1939).

[2] ORTHNER L., Melliand Textilber. *31*, 265 (1950).

[2a] RÖSCH M., Fette, Seifen einschl. Anstrichmittel *62*, 663 (1960).

[3] LINDNER K., Textilhilfsmittel und Waschrohstoffe, Wissenschaftliche Verlagsgesellschaft, Stuttgart 1954, S. 300–303.

[4] SPRING W., Kolloid-Z. *4*, 161 (1909); *6*, 11, 109, 164 (1910).

[5] CHWALA A., Textilhilfsmittel, Julius Springer-Verlag, Wien 1939.

[6] KLING W., Kolloid-Z. *115*, 37 (1949); Angew. Chem. *62*, 305 (1950).

[7] KARRER E., SCHUBERT K., Helv. chim. Acta *11*, 221 (1928).

[8] RÜCKER W., Chem. Industrie *12*, 401 (1960).

[9] TWITCHELL E., J. Amer. chem. Soc. *22*, 22 (1900).

[10] Normann W., D. R. P. 658751.

[11] Rordorf G., Seifen — Öle — Fette — Wachse *77*, 541 (1951).

[11 a] Fock M., Seifen — Öle — Fette — Wachse *81*, 348 (1955).

[12] Dumas J. B., Peligot E. M., Ann. Pharm. *19/20*, Heft 3, 293 (1836).

[13] Bouveault L., Bull. Soc. chim. France *31*, 666, 1206 (1904); C. R. hebd. Siances Acad. Sci. *136*, 1676 (1903); D. R. P. 164294 (1903).

[13 a] Blanc G., Amer. Perfumer essent. Oil Rev. *17*, 57 (1922).

[14] Adkins H., Folker K., J. Amer. chem. Soc. *53*, 1095 (1931); *54*, 1145 (1932).

[15] U. S. P. 2374379.

[15 a] Moreno J. M. M., Grasas y Aceites *9*, 60 (1958).

[16] Hueter R., Chemie und Technologie der Fette und Fettprodukte, herausgegeben von H. Schönfeld, Julius Springer-Verlag, Wien (1937).

[17] Normann W., Z. angew. Chem. *44*, 471, 714, 922 (1931).

[18] Wenzel W., Angew. Chem. *B 20*, 225 (1948).

[19] Roelen O., Angew. Chem. *A 60*, 62, 213 (1948).

[19 a] Holm M. M., F. I. A. T. Final Report Nr. 1000 (The Oxo-Process).

[20] Guerbet M., Bull. soc. Chem. France (3) *21*, 487 (1899).

[21] Machemer H., Angew. Chem. *64*, 213 (1952).

[22] Firma Henkel u. Cie., B. I. O. S.-Final Report Nr. 1151, S. 7, 8, 11.

[23] Stüpel H., Synthetische Wasch- und Reinigungsmittel, Konradin-Verlag, Stuttgart 1954, S. 98.

[24] Kölbel H., Engelhardt F., Erdöl u. Kohle *2*, 278 (1949).

[25] Brandner, Lockwood, Nagel, Russel, F. I. A. T.-Final Report 1141.

[26] Grün A., Ber. dtsch. chem. Ges. *39*, 4400 (1906); J. Amer. Chem. Soc. *31*, 490 (1909).

[27] Saytzeff M., Ber. dtsch. chem. Ges. *19*, III, 541 (1886); J. prakt. Chem. *35*, 369 (1887).

[28] BENEDIKT C., ULZER F., Mh. Chem. *8*, 208 (1887).
[29] Colgate Palmolive-Peet Co., U. S. P. 2187144.
[30] STRECKER A., Liebigs Ann. Chem. *148*, 90 (1868).
[31] HAEMILLIAN V., Liebigs Ann. Chem. *168*, 145 (1873).
[32] DAVIDSON C. M. R., E. P. 433312.
[32a] STÜPEL H., Fette u. Seifen *54*, 460 (1952).
[33] REED C. F., HORN C. L., U. S. PP. 2046090; 2174110; 2263312.
[33a] ASINGER F., Ber. dtsch. chem. Ges. *77*, 191 (1944).
[33b] CALCOTT W. S., U. S. PP. 2383319; 2383320; 2335259.
[33c] KHARASCH M. S., READ C. L., J. Amer. chem. Soc. *61*, 308 (1939).
[34] PLATZ K., SCHIMMELSCHMIDT K., D. R. P. 735096.
[35] ORTHNER L., Angew. Chem. *61*, 450 (1949); *62*, 302 (1950).
[36] WEGHOFER H., F. PP. 901555 und Ergänzung 53488.
[37] VIERTEL O., Erfahrungsaustausch der Seifen-, Wasch- und Reinigungsmittelindustrie, Folge 2, 113 (1944).
[38] STOCKHAUSEN J., Erfahrungsaustausch der Seifen-, Wasch- und Reinigungsmittelindustrie, Folge 1, 38 (1943).
[39] HAGGE W., Erfahrungsaustausch der Seifen-, Wasch- und Reinigungsmittelindustrie, Folge 1, 38 (1944).
[40] ADAM N. K., Proc. Roy. Soc. [London], Ser. *A 103*, 676 (1923).
[41] LINDNER K., D. R. PP. 553811; 561603.
[42] GÜNTHER F., HAUSSMANN H., FRANK C., F. P. 766903; U. S. P. 2220099; E. P. 416379.
[43] FLETT L. H., U. S. P. 2441351.
[44] HOYT L. F., Synthetic Detergents and Washing Agents, B. I. O. S.-Report Nr. 11.
[45] SHARRAH M. L., FEIGHNER G. C., Ind. Engng. Chem. *46*, 248 (1954).
[45a] GRIESS W., Fette, Seifen einschl. Anstrichmittel *57*, 24, 168 (1955).
[45b] GRAY F. W., GERECHT J. F., KREMS I. J., J. org. Chemistry *20*, 511 (1955).

[46] Kölbel H., Erdöl u. Kohle *1*, 308 (1948).

[47] Günther F., Hetzer J., BASF, D. R. P. 336558.

[48] Baird, B. I. O. S.-Final Report Nr. 421 (1945).

[49] Flett L. F., Amer. Perfumer essent. Oil Rev. *50*, 226 (1946).

[50] Jaeger M., U. S. P. 2028091.

[51] BASF, D. P. A. B 15355.

[52] Schwartz, Perry, Surface Active Agents, Interscience Publishers, Inc. New York-London 1949, S. 75.

[53] U. S. P. 2355503.

[54] Hoyt L. F., Synthetic Detergents and Washing Agents, B. I. O. S.-Report Nr. 11.

[55] Stüpel H., Synthetische Wasch- und Reinigungsmittel, Konradin-Verlag, Stuttgart 1954, S. 80.

[56] Firma Henkel u. Cie., D. R. P. 671827.

[57] Firma Henkel u. Cie., D. R. P. 636260.

[58] Bertsch H., D. R. P. 589778.

[59] U. S. PP. 2108886; 2108887.

[60] Brit. P. 354300.

[61] Chwala A., Textilhilfsmittel, Julius Springer-Verlag, Wien 1939.

[62] Wurzschmitt B., Z. analyt. Chem. *130*, 178 (1950).

[63] McCutcheon J. W., Synthetic Detergents, MacNair-Dorland Company New York 1950.

[64] McCutscheon J. W., Synthetic Detergents, MacNair-Dorland Company New York 1950.

[65] D. R. P. 668744.

[66] ICI, F. P. 821604.

[67] Lindner K., Textilhilfsmittel und Waschrohstoffe, Wissenschaftliche Verlagsgesellschaft Stuttgart 1954, S. 517.

[68] Chwala A., Textilhilfsmittel, Julius Springer-Verlag, Wien 1939.

[68a] Hartmann, Kägi, Z. angew. Chem. *41*, 127—130 (1928).

[69] Chwala A., Textilhilfsmittel, Julius Springer-Verlag, Wien 1939.

[70] CHWALA A., Textilhilfsmittel, Julius Springer-Verlag, Wien 1939.

[71] LINDNER K., Fette u. Seifen *43*, 214, 253 (1936); *44*, 47 (1937).

[72] DAIMLER K., U. S. P. 2206249.

[73] HETZER J., Textilhilfsmittel-Tabellen, Julius Springer-Verlag, Berlin 1938.

[74] STÜPEL H., Synthetische Wasch- und Reinigungsmittel, Konradin-Verlag Stuttgart 1954.

[75] STÜPEL H., Fette u. Seifen *55*, 501, 583 (1953).

[76] PACIFICO, JONESCU, J. Amer. Oil Chemists' Soc. *34*, 203 (1957).

[77] HARRIS, J. C., Oil and Soap *18*, 179 (1941).

[78] WURZSCHMITT B., Systematik und qualitative Untersuchungen von oberflächenaktiven Substanzen, J. F. Bergmann, München 1950.

[79] VAN DER HOEVE, Recueil Trav. chim. Pays-Bas *67*, 649 (1948).

[80] LINSENMEYER K., Melliand Textilber. *21*, 468 (1940).

[81] HINTERMAIER A., Fette u. Seifen *52*, 689 (1950).

[82] MARRON, SCHIFFERLI, Ind. Engng. Chem. analyt. Edit. *18*, 49 (1946).

[83] HINTERMAIER A., KELBER L. C., Fette u. Seifen *50*, 413 (1943).

[84] HAZLEHURST T. H., J. chem. Educat. *19*, 61 (1942).

[85] SCHWEN G., Melliand Textilber. *31*, 627 (1950); *32*, 939 (1951).

[86] STIEPEL C., Seifensieder-Ztg. *41*, 347 (1914).

[87] MATALON, C. R. hebd. Séances Acad. Sei. *222*, 1213 (1946).

[88] FOULK, MILLER, Ind. Engng. Chem., analyt. Edit. *23*, 1283 (1931).

[89] SISLEY J. P., Teintex *14*, 361 (1949).

[90] UHL O., Fette u. Seifen *53*, 84 (1951).

9. Stichwortverzeichnis

Der Autor behandelt in diesem Band

- **die Herstellungsverfahren und die Verwendungsmöglichkeiten der einzelnen Stoffgruppen, der wichtigsten anionaktiven, nichtionogenen und kationaktiven Stoffe sowie der Ampholyte**
- **die Zusammensetzung der einzelnen Wasch- und Reinigungsmittel und die Wirkung der Bleichmittel, der optischen Aufheller und der organischen Komplexbildner**
- **die Rohstoffe, die qualitative und quantitative Bestimmung der einzelnen oberflächenaktiven Substanzen und einige Gebrauchswertbestimmungen der Fertigprodukte.**

WISSENSCHAFTLICHE TASCHENBÜCHER